しりたい

もっと飼育員(しいくいん)さんのすごいこたえ

淡路ファームパーク
イングラ

ワニブックス

はじめに

前回、みなさんから寄せられる″生き物に関する疑問・質問″に飼育員が回答するコーナーをもとに『飼育員さんのすごいこたえ』が出版されてから約2年、おかげさまでたくさんの反響をいただきました。

中には実際に質問を書いてくださったお子さまから感想のお手紙が届いたり、なかなか当園まで足を運べない遠方にお住まいの方々にも、本を通してご覧いただくことができて本当に嬉しかったです。

もともとは「夏休みの自由研究に役立つように」ということで始めた企画でしたが、好評につき年間を通してみなさんからの疑問・質問にお答えしてきたところ、この度なんと続編としてこの『もっとしりたい 飼育員さんのすごいこたえ』を出版していただけることとなりました。

タイトルのとおり、みなさんに生き物のことを「もっとしりたい!」と思ってもらえるよう回答やイラストにはさらに力を入れておりますので、お楽しみいただければ幸いです。

もくじ

1 園内の生き物の すごいこたえ

2 そのほかの生き物のすごいこたえ

コアラにまつわる すごいこたえ 3

人生への すごいこたえ 4

飼育員さんの
すごい
こたえ
5

園内の生き物

すごい
のこたえ
1

みんなの質問
うさぎねますか？
（うさぎねますか？）
その1

飼育員さんの回答

ウサギは私たちのように目をつぶって眠ることもあれば、天敵の接近にいち早く気づけるために目を開けたまま眠っていることもあるんですよ。起きている時は鼻がひくひくとよく動いていますが、目が開いていても眠っている時は鼻はあまり動いていませんから見分けることができるかもしれませんね。

なんで
しっぽのある動物と
ない動物が
いるのですか。
しっぽってどんなやくわりが
あるのですか？

（なんでしっぽのある動物とない動物がいるのですか。
しっぽってどんなやくわりがあるのですか？）

その2

おもしろいところに気づきましたね。
はるか大昔、もともと私たちの遠いご先祖様が水中で生活していた頃に前に進むために発達させたのがしっぽの起源なんですが、陸に上がってからはいろんな使い道ができていきました。
走っている最中や高い所で活動する時にバランスをとるのに使ったり、枝に巻きつけて体を支えたり、振り回すことで天敵や虫を追いはらったり、気持ちを伝えるのに使ったり、と動物の種類によってさまざまです。
一方で、生活のスタイルによってはしっぽを必要とせず退化させてきた動物もいます。私たちヒトを含む類人猿（チンパンジーやオランウータンなど）もそのひとつです。
退化と聞くと進化の反対にあるイメージですが、生き物の世界においては退化もまた進化のパターンのひとつと言えます。

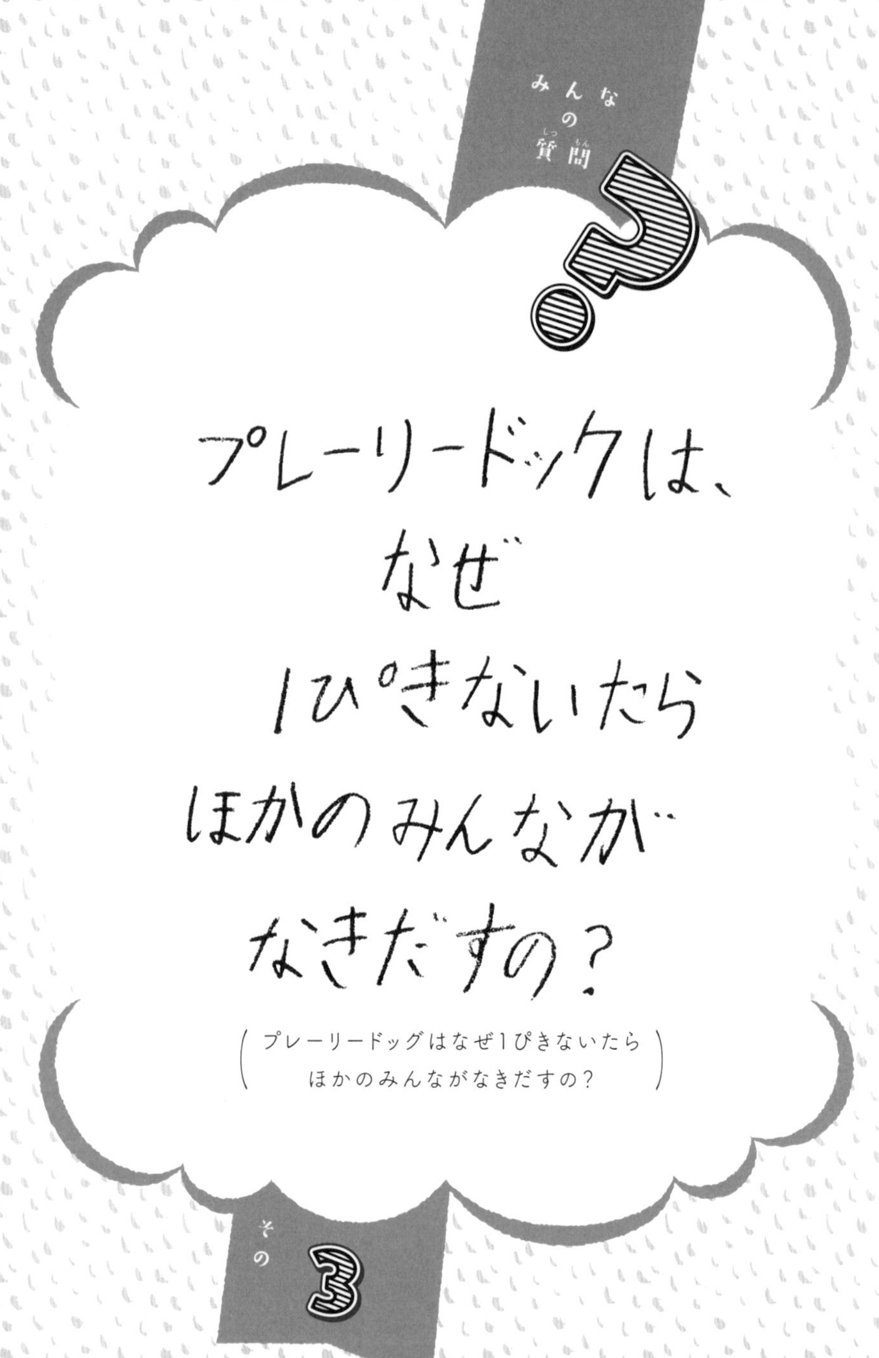

みんなの質問
プレーリードックは、
なぜ
1ぴきないたら
ほかのみんなが
なきだすの？
（プレーリードッグはなぜ1ぴきないたら
ほかのみんながなきだすの？）
その3

飼育員さんの回答

よく観察されていますね。

そうなんです。

一匹が鳴くとまわりの仲間たちも反射的に鳴きますよね。

この行動が大きな群れの中では連鎖的に起こることで、波紋のように広がって、遠くにいる仲間や地中の仲間たちにも素早く大切な情報（天敵の接近や危機が去ったこと等）を知らせることができるんです。

みんなの質問（しつもん）

？

かぶとむし

しお

なんて

なきますか？

（かぶとむしはなんてなきますか？）

その4

飼育員さんの回答

カブトムシが鳴くことを知っているんですね。
カブトムシの場合、動物や鳥のように口から声を出しているのではなく、お腹を動かして羽の内側と擦れることで音を出しています。交尾の時や天敵に襲われた時など興奮した時にこの音を出すので、ちゃんと意思を持って鳴いているんでしょうね。
人によって聞こえ方がちがうかもしれませんが私には「ギュー」とか「キュー」とか「シュー」みたいな音に聞こえます。
カブトムシを飼う機会があったらぜひカブトムシが活発になる夜に耳を澄ましてみてください。

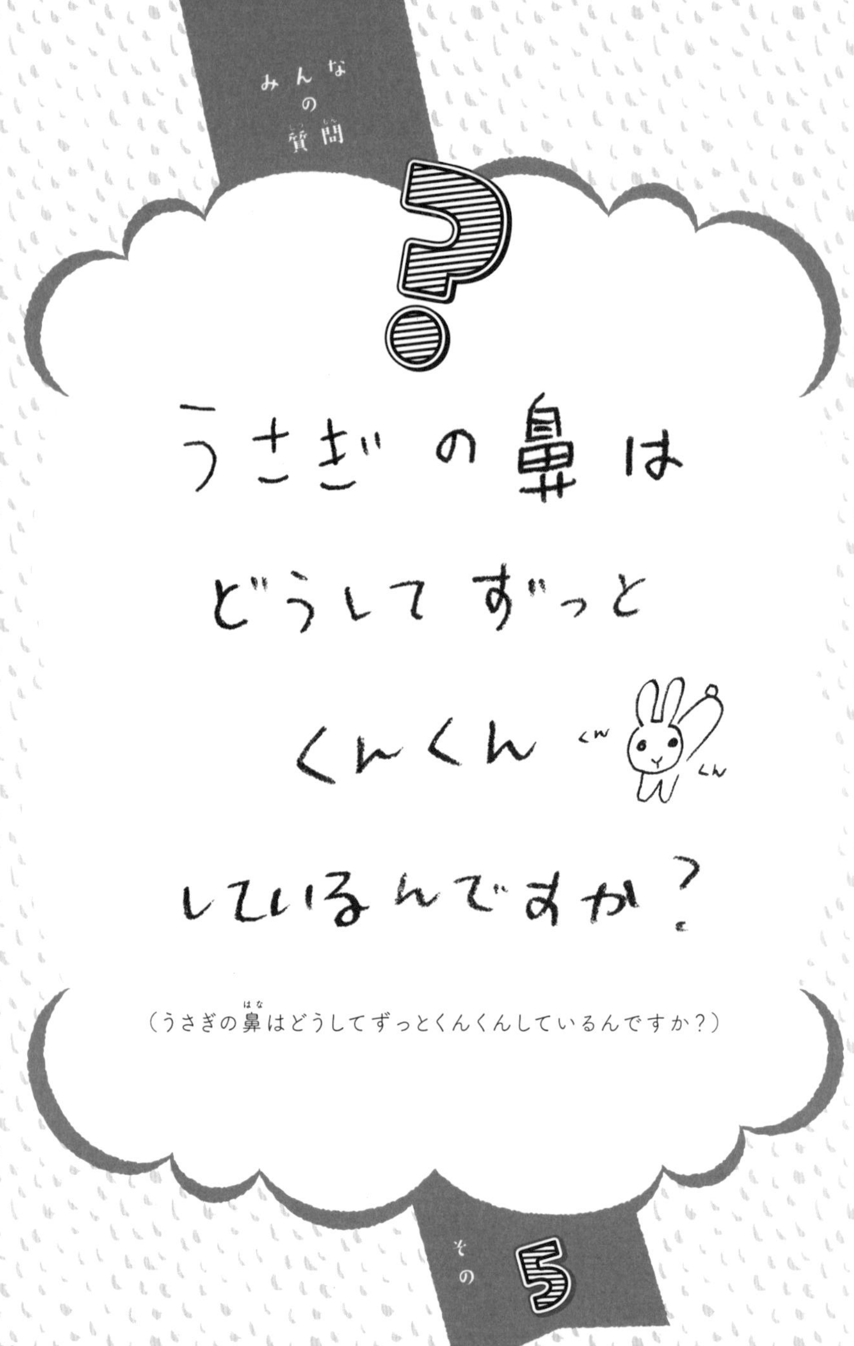
みんなの質問
うさぎの鼻はどうしてずっとくんくんしているんですか？
くん
くん
その5

（うさぎの鼻はどうしてずっとくんくんしているんですか？）

飼育員さんの回答

起きているウサギの鼻がいつも動いているのは、呼吸をしながら周囲の情報を収集しているからなんです。
ウサギといえば耳の良い動物の代表みたいなイメージがありますが、嗅覚も優れていて私たちの10倍以上の嗅覚があると言われています。
鼻を動かすことによって、少しでも多くのにおいを鼻の奥に送り込んで、情報を得ようとしているんですね。
私たちも鼻を近づけずににおいを嗅ぎたい時、対象物に対して手のひらであおいで嗅いだりする時があるじゃないですか。あのイメージです。
なので、鼻の動きが激しい時は普段以上に情報を得ようとしている時、つまり興奮していたり落ち着かない時であることが多いので、飼い主さんがウサギの感情を読みとるのにも役立ちます。
ウサギは嗅覚が優れているので、おうちで飼育する際にはお部屋の芳香剤や香水の使用にはくれぐれもご注意ください。

ひつじの目は
なぜ
横に長いどうこうなんですか?

ヤギも横長ですが
鹿はまん丸だと思います。
教えてください。

(ひつじの目はなぜ横に長いどうこうなんですか?
ヤギも横長ですが、鹿はまん丸だと思います。教えてください。)

飼育員さんの回答

ヒツジもヤギもシカもみんな分類上はウシの仲間になります。
ウシの仲間には明るい場所では瞳孔の形が横長になっているものが多く、色が濃くてわかりにくいですが、よく見るとシカの瞳孔も実は横長になっているんですよ。
これらの仲間は、肉食動物の接近をいち早く察知するため、顔の横に目があって、さらに瞳孔を横長にすることで視野を広く確保しているんです。
その視野は300度以上とも言われていて、真後ろ以外はほぼ見えているようですよ。

ウサギのトイレのしつけはどんなふうにしてるの?

（ウサギのトイレのしつけはどんなふうにしてるの？）

その7

飼育員さんの回答

もともと野生のウサギは巣穴の中でトイレを決める習性を持っています。そのため、私たちが飼育しているウサギたちも覚えてもらうことさえできれば、トイレの場所を決めることができます。

ウサギはけっこう自分のにおいにこだわりを持つ動物なので、まず飼い主がトイレにしたい場所にウサギのおしっこを染み込ませた紙や干し草を置いてみてください（ウサギがかじれないように金網やスノコの下に）。

何度かその場所でおしっこをするうちに、トイレと認識するようになるかもしれないので、それまでは常に何かおしっこのにおいのするものを置き続けてあげてください。

もしトイレ以外の場所でおしっこをしたらその場所をきれいに掃除してにおいを消し去ってください。 おしっこのにおいが残っているとそこはすべてトイレの候補になってしまいますのでご注意を。

当園でもトイレをすぐ覚える子もいれば、トイレを決めず好きな場所でする子、おしっこはトイレでするけどうんちはどこでもする性格の子もいます。

もしおうちで飼われているウサギがトイレを覚えなくてもその子の性格なんだと認めてあげてください。

みんなの質問

カピバラさんの
お部屋にある
チーズのような
せっけんのような
かたまり、
あれはなんですか？

カピバラさんのお部屋にある
チーズのようなせっけんのようなかたまり、
あれはなんですか？

その 

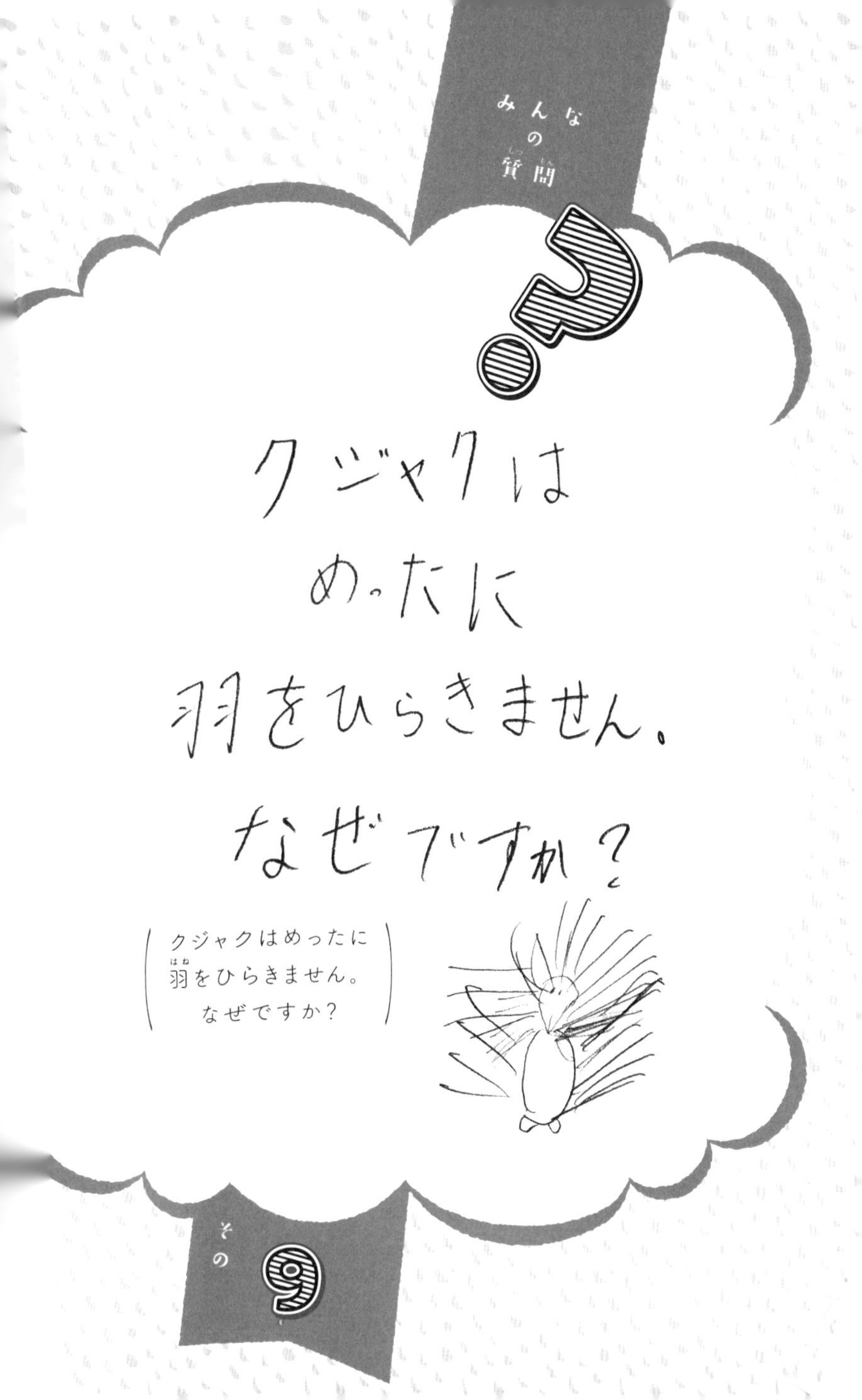
みんなの質問
クジャクはめったに羽をひらきません。なぜですか？
クジャクはめったに
羽をひらきません。
なぜですか？
その 9

飼育員さんの回答

カピバラがなめていた石鹸みたいなものは「鉱塩」というもので、塩を中心に数種類のミネラルを固めてつくられています。
野生の草食動物はときどき土を食べることで、植物だけでは補えない塩分やミネラルを摂取しています。
人間でも夏になると、「汗をかいたら塩分やミネラルを摂りましょう」とよく言いますよね。動物たちも同じように微量の塩分やミネラルは体に必要なんですね。
特に塩分やミネラルが不足しがちな飼育下では、土の代わりに鉱塩をなめさせることでバランスよく摂取させることができます。
もともとは大きくて四角い塊だった鉱塩ですが、カピバラがなめている間に徐々に小さくなったものが石鹸のように見えたんでしょうね。

実際に鉱塩をなめたことがある飼育員によると塩味で美味しかったそうです。

※よいこはマネしないでね

飼育員さんの回答

クジャクといえば美しい飾り羽を扇状に大きく広げている姿が印象的ですよね。
実はあの姿になるのはオスだけで、メスに求愛をする時期にだけ生えてくる特別な飾り羽を広げているんです。
ちなみに求愛の時期が終わるとオスの飾り羽は抜け落ちてしまいますし、メスにはこの飾り羽は生えません。
なので、飾り羽を広げるクジャクの姿を見たかったら、オスとメスがいる動物園などを春から初夏の繁殖期に訪れてみましょう。

ウサギの耳は
どうして
ながいんですか！

（ウサギの耳はどうしてながいんですか。）

飼育員さんの回答

ウサギは野生下では肉食動物に食べられやすい動物です。
実はウサギの耳には生き残るための知恵が隠されています。
ウサギの耳は左右それぞれが別々に向きを変えることができるので、どの方向から天敵が近づいてきているのか音源を探ることができます。
また、ウサギの耳に光を当てて透かして見ると細かい血管がたくさん通っているのがわかります。
走って逃げる時に、ピンと立てた耳に風を当てることで、血管の中を流れる血液が冷やされて、体温が上がりすぎるのを抑えることができます。
動物たちの特徴的な体のデザインにはどんな理由があるのかいろいろ調べてみるとおもしろいですよ。

みんなの質問
？
えみゆぅー
なんで歩くときに足をとじるの？
（えみゅー、なんで歩くときに足をとじるの？）
その11

飼育員さんの回答

よく観察していますね。
多くの鳥は足や指に通っている「腱」のしくみによって木の枝に器用につかまることができます。
木の枝につかまることができないエミューも足の裏を地面から離す時、「腱」に引っ張られて指が閉じるようになっているんじゃないかなと思います。
ちなみにエミューの歩き方は恐竜の歩き方の研究でも参考にされているようですよ。

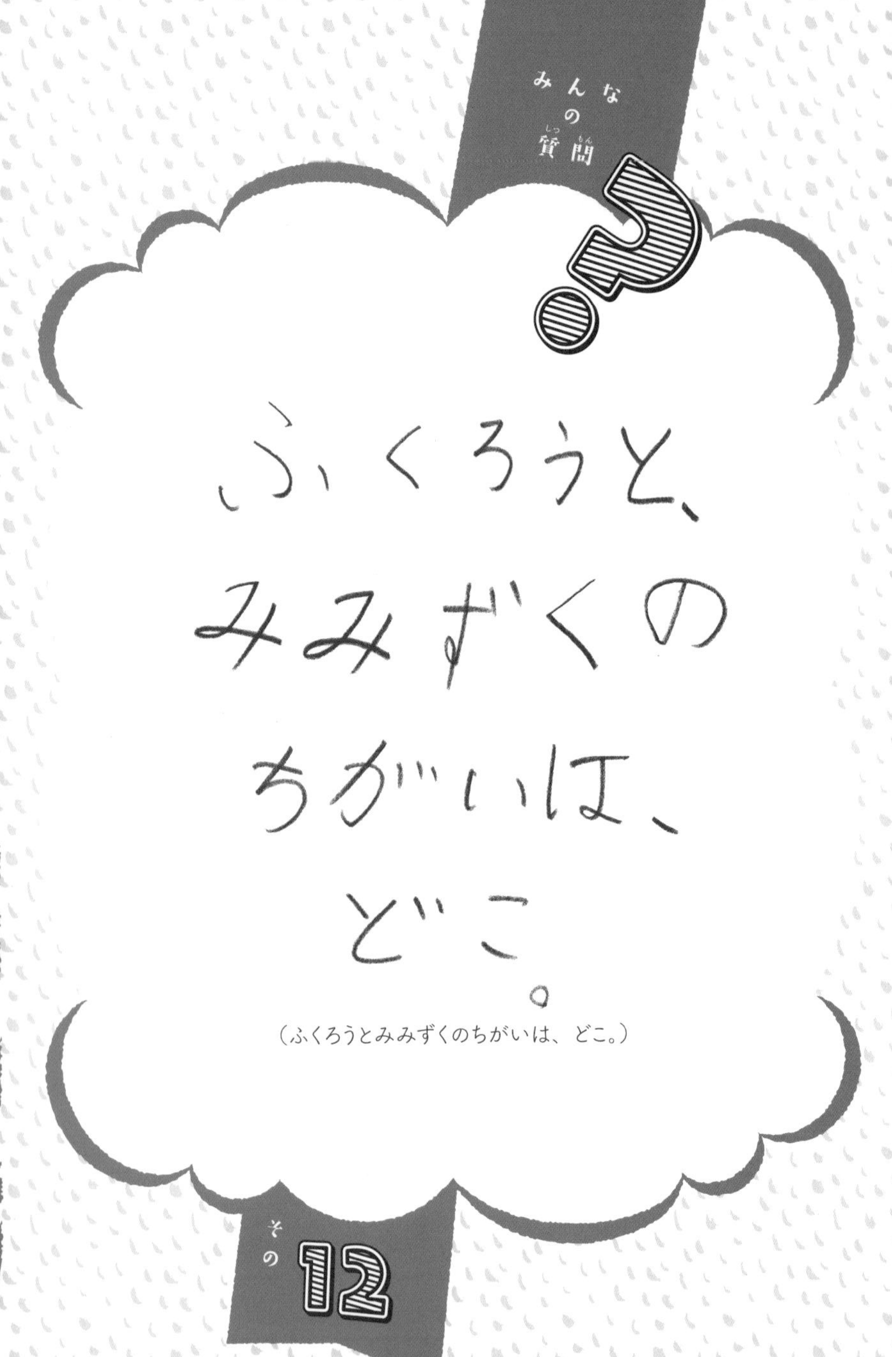
みんなの質問
その12
ふくろうと、
みみずくの
ちがいは、
どこ。
（ふくろうとみみずくのちがいは、どこ。）

飼育員さんの回答

フクロウとミミズクはどちらも分類上はフクロウ目フクロウ科で、実際、体のつくりはほとんど同じなんですよ。

ざっくりわかりやすく、目の上に耳のような「羽角」と呼ばれる羽があるのがミミズク、ないのがフクロウといった感じで呼び分けられています。（例外もあり）

「ズク」という呼び方がもともと古い言い方でフクロウの仲間のことを指します。なので、耳（のような羽）があるズクでミミズクというわけです。

※ミミズクのほんとうの耳は目の横あたりにあります

（とりはとびながらねれるの？）

飼育員さんの回答

鳥の種類によって、木の上、地上の茂み、水面など眠る場所はさまざまですが、長距離を飛んで移動する渡り鳥たちの中には、飛びながら眠ることができる仲間も知られています。眠りながら無意識に翼を動かすことができるなんてすごいですよね。

人間は服を着るのた
なぜ動物は
服を着ないんですか?
恥ずかしくないのですか?

（人間は服を着るのになぜ動物は服を着ないんですか？
恥ずかしくないのですか？）

飼育員さんの回答

ほんとうですね。

動物たちには服を着るという習慣がないので考えたことがなかったです。服を着ないことに対する恥ずかしさがあるのかわかりませんが、もともと動物たちに恥ずかしいという感情があるのかも気になるところですね。

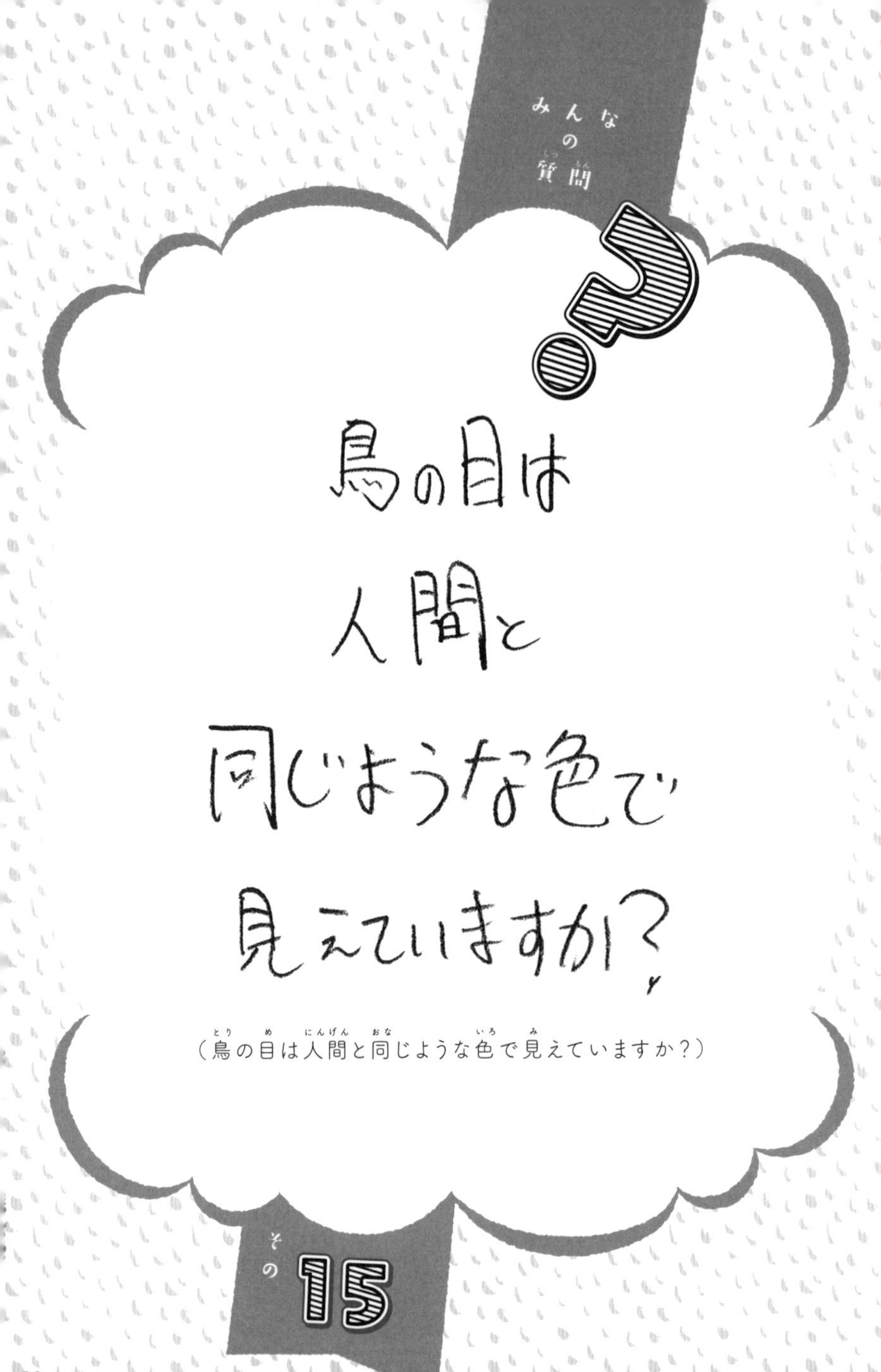
みんなの質問
鳥の目は人間と同じような色で見えていますか？
（鳥の目は人間と同じような色で見えていますか？）
その15

飼育員さんの回答

私たちヒトは目から「赤」「青」「緑」の3つの光の波長を受け取って、その組み合わせでたくさんの色を見ています。
さらに鳥たちの多くは私たちには見えていない4つ目の光の波長「紫外線」まで見えていると言われています。
私たちには全身が真っ白に見えるハクチョウや真っ黒に見えるカラスの体も、鳥たちにとっては全然ちがった色に見えているかもしれませんね。
無地に見えて実は模様もあったりするかもしれません。
また、鳥たちは紫外線の反射を餌や天敵の発見にも役立てていると思われます。

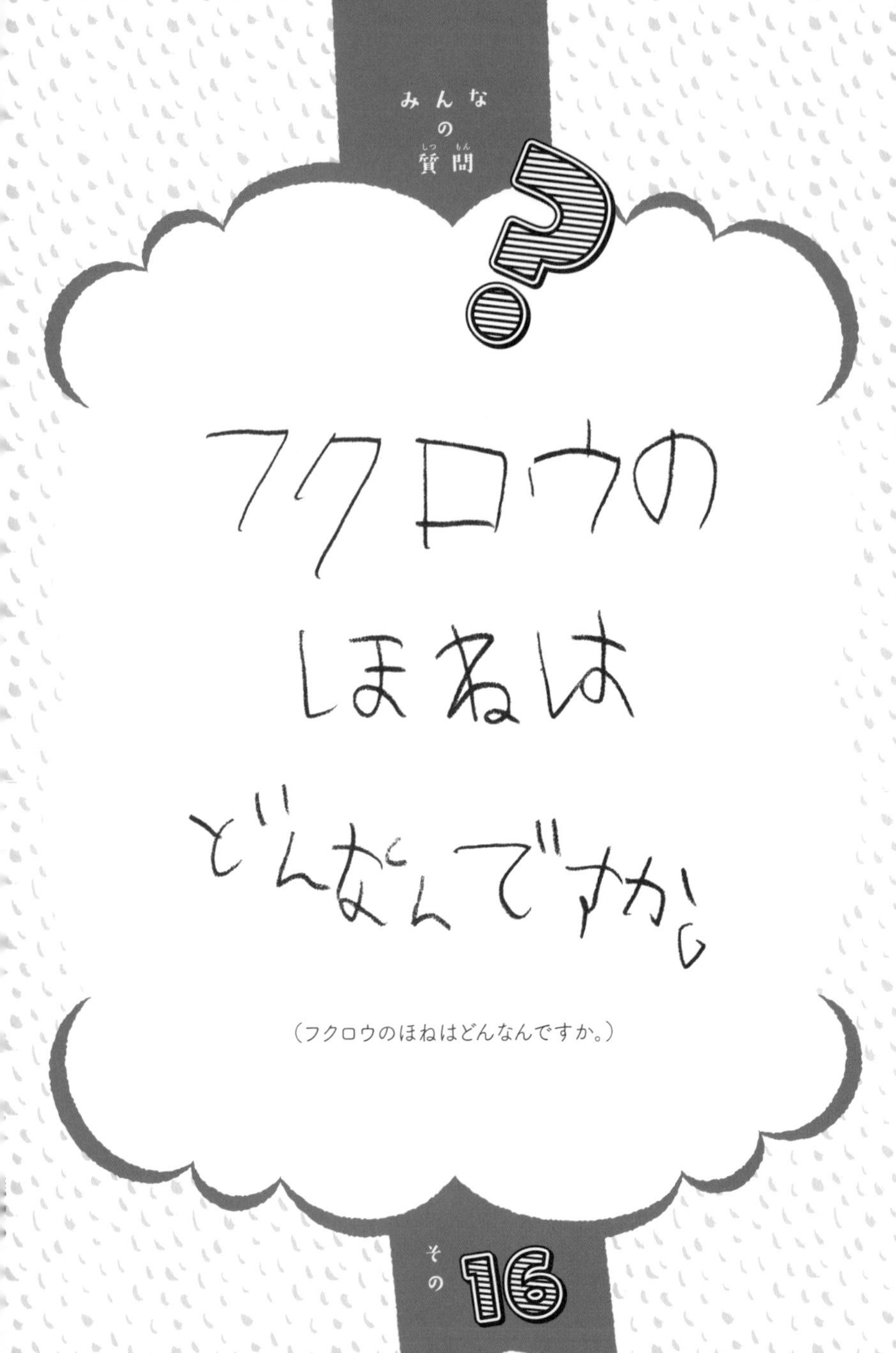
みんなの質問
フクロウの
ほねは
どんなんですか
（フクロウのほねはどんなんですか。）
その16

飼育員さんの回答

フクロウの骨のひみつ

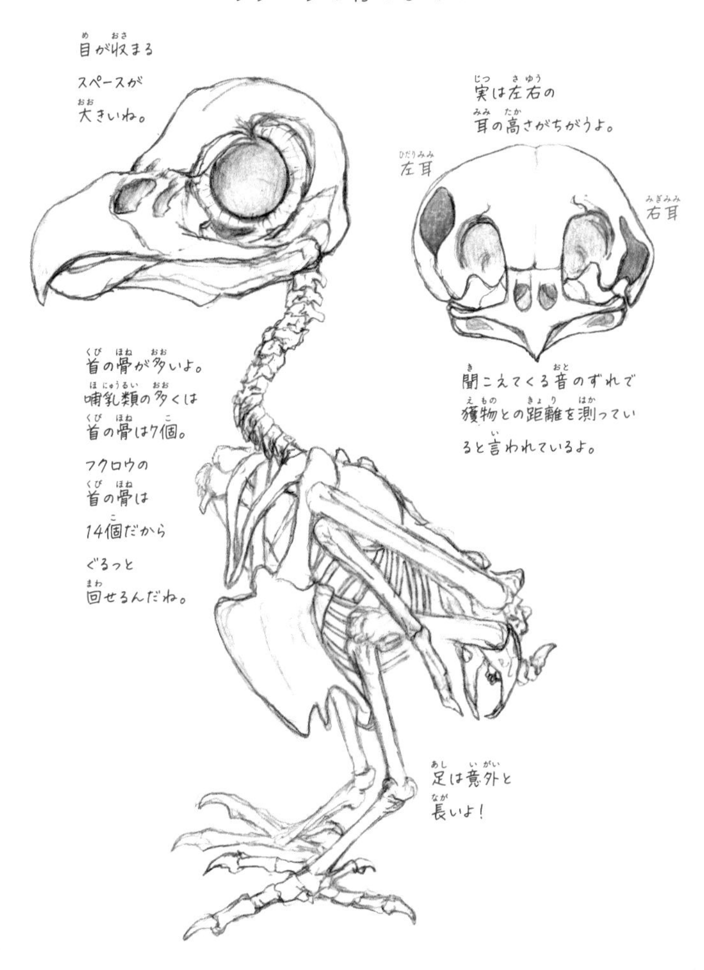

目が収まる
スペースが
大きいね。
実は左右の
耳の高さがちがうよ。
左耳
右耳
首の骨が多いよ。
哺乳類の多くは
首の骨は7個。
フクロウの
首の骨は
14個だから
ぐるっと
回せるんだね。
聞こえてくる音のずれで
獲物との距離を測ってい
ると言われているよ。
足は意外と
長いよ！

お酒とかタバコの好きな動物はいますか？人間以外で。

（お酒とかタバコの好きな動物はいますか？人間以外で。）

飼育員さんの回答

タバコが好きな動物は聞いたことがないですが、お酒に関してはもしかしたら好きな動物はいるかもしれません。
というのも、自然界ではときどき木の実や木の樹液が微生物の力でアルコール発酵して偶然お酒になることがあります。
それを動物や鳥や虫たちが飲みに来ることがあるようですよ。
森でバーを開いたらたくさんお客さんが来てくれるかもしれません。

モモンガとムササビはどうちがうのですか？

（モモンガとムササビはどうちがうのですか？）

飼育員さんの回答

モモンガとムササビ、似ていますよね。
それもそのはず、どちらも同じように皮膜を広げて空を滑空するという特徴を持っています。
どちらもリスの仲間で分類上も近いのでますます混同しちゃいますよね。
ざっくり言うと、モモンガは皮膜を広げるとハンカチ程度の大きさで、ムササビは座布団くらい大きいです。モモンガに後ろ足としっぽの間に皮膜はないですが、ムササビにはあります。
モモンガのしっぽは平たくて空気抵抗を生むのに役立っているのかもしれません。ムササビのしっぽは筒状で長いです。
他にも生態の面でもいろいろちがいがあるので、調べてみるとおもしろいですよ。

モモンガ
体長約30cm
体重は200g程

ムササビ
体長約80cm
体重は1kgを超えることも

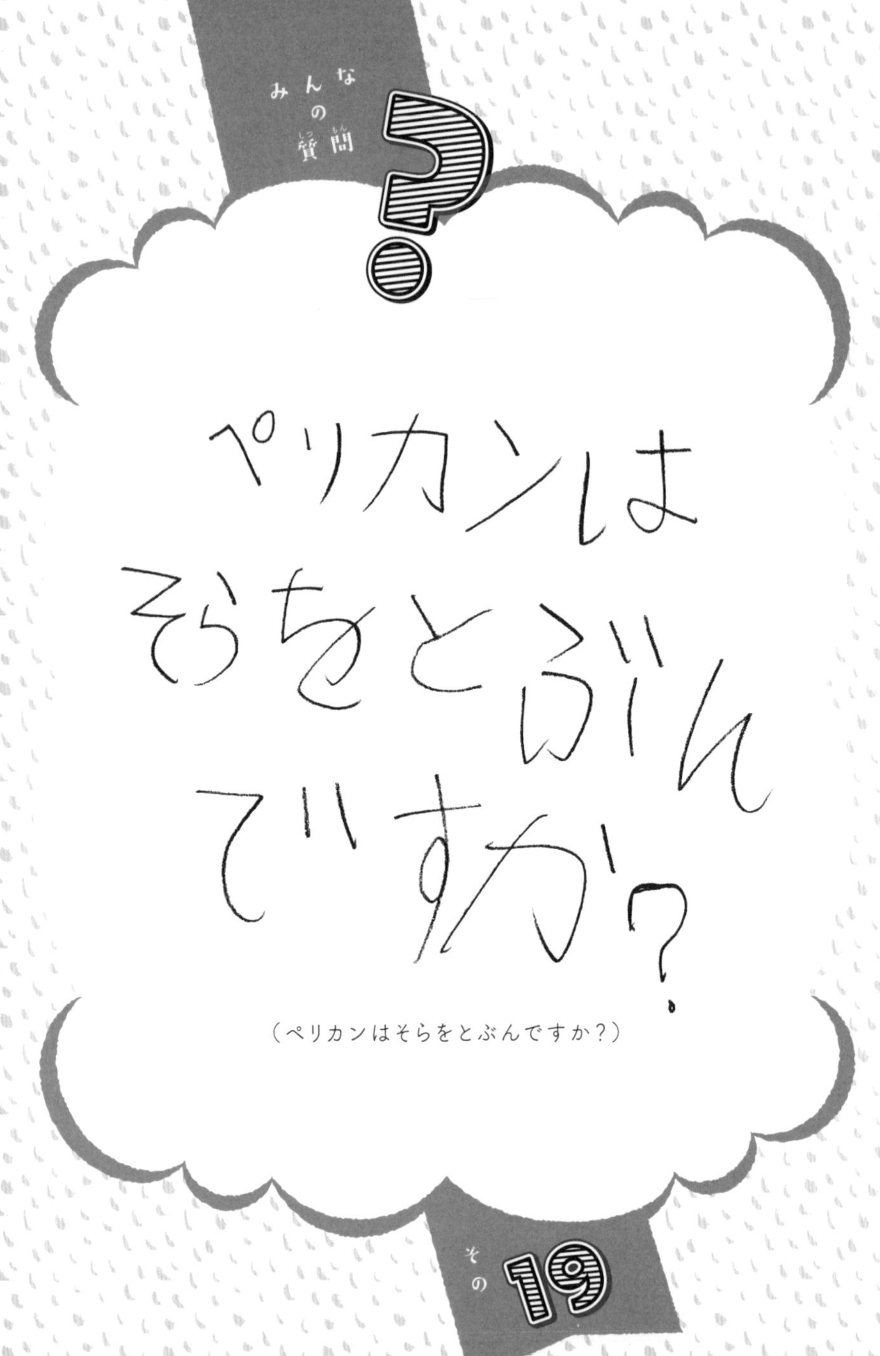

みんなの質問
ペリカンはそらをとぶんですか?
その19

（ペリカンはそらをとぶんですか？）

飼育員さんの回答

体が大きくてあまり飛ぶイメージのないペリカンですが、実はけっこう飛ぶのは得意で、時間をかけて長距離を飛ぶこともできるんですよ。
動物園では、ペリカンがどこか遠くに飛んで行ってしまわないように、風切羽という羽の先端を左右どちらかだけ切って調整していることが多いです。
そうすることで、右と左の風切羽のバランスが変わってうまく風を掴んで飛ぶことができなくなるんですね。
鳥の羽は根元の方は血管や神経が通っていますが、先端の方は私たちの爪や髪の毛のように切っても痛みはありません。
切った羽はまた数か月したら抜けて生え変わるので、その度に切って調整しています。

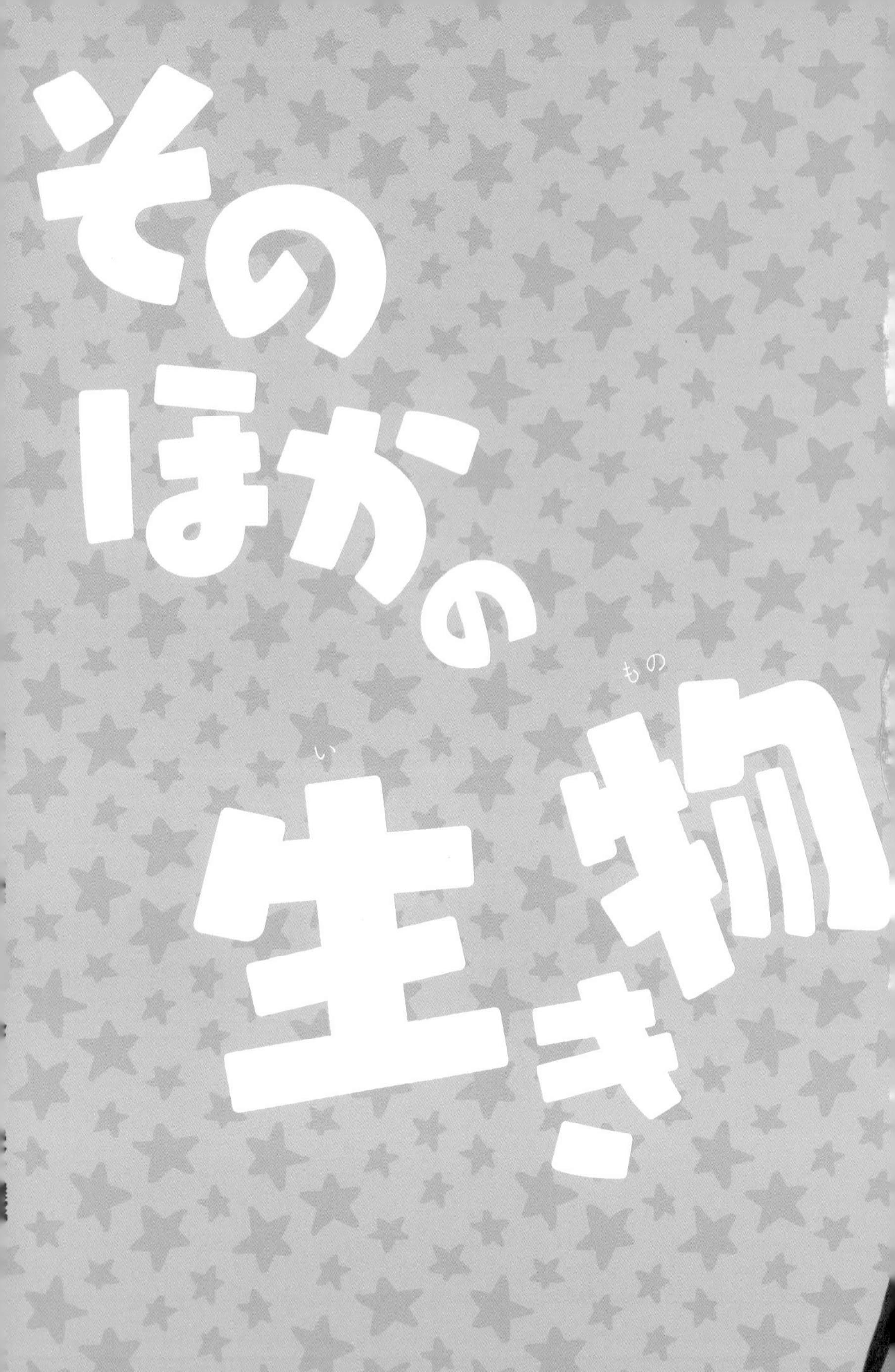
そのほかの生き物(いきもの)

2
すごい
こたえ
の

みんなの質問

ネコはなぜ暗い夜でも目が見えるんですか。

（ネコはなぜ暗い夜でも目が見えるんですか。）

その20

飼育員さんの回答

ネコの目の奥にはヒトにはないような反射板が備わっていて、目に入るわずかな光をこの反射板で数倍に増幅させることによって、暗闇でも物を見ることを得意としています。
暗闇でライトに照らされたネコの目が光るのはこの反射板のためです。
先にも書いたように、ネコは目に入る光を数倍に増幅させてしまうので、むやみに光で照らしたりしないようにしましょう。

みんなの質問

こん虫は どこから いきをして いるのですか?

(こん虫はどこからいきをしているのですか?)

その

飼育員さんの回答

昆虫には鼻らしき部分が見当たりませんよね。ではどうやって呼吸するんでしょうか。

昆虫は胴体（胸部や腹部）に「気門」という呼吸をするための穴があってここで呼吸をしています。私たちが鼻をふさがれると苦しいように、昆虫も気門をふさぐと息ができなくなってしまいます。

気門の位置は昆虫の種類によって、また幼虫と成虫でも変わってきます。

昆虫には私たちのような肺もないので、気門から取り入れた空気を今度は「気管」という管を通すことによって全身に酸素を行き渡らせています。

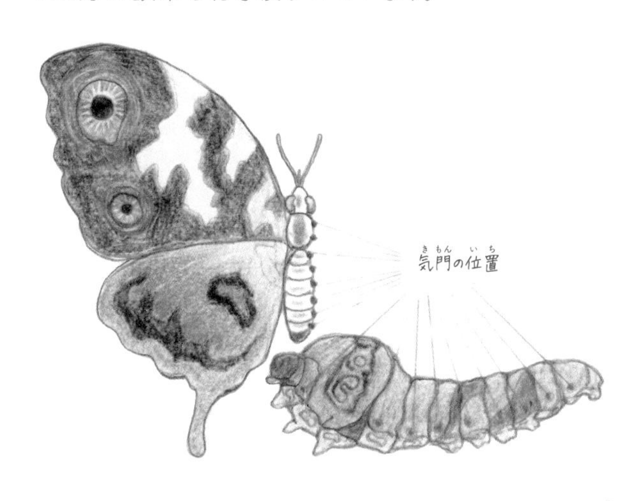

骨格標本は、どのようにしてつくりますか？

（骨格標本はどのようにしてつくりますか？）

飼育員さんの回答

動物園で動物たちが死んでしまった際には、解剖して死因を究明するんですが、時には標本資料として骨格を残すことがあります。

あらかじめ皮や筋肉や内臓を取り除いておくところは共通なんですが、取り除ききれない肉や脂の処理が必要なので、動物の大きさや種類の特性などによってその先の工程が変わります。

ある程度大きな動物なら、砂に埋めて数か月後に掘り起こす方法が一般的です。

小さな動物の骨は紛失しやすかったり、鳥の骨はもろくて破損しやすいので埋めることはせず虫に肉を食べさせたり、薬品で肉を取り除いたり煮込んだりといった方法をとることも多いです。

実際に骨を組むからこそわかる動物たちの体の構造というものがあって、私も骨格標本づくりに熱中していた時期がありました。

ニシキヘビの骨格標本をつくった際には、同じような見た目の背骨と肋骨をひたすら間違えないように組んでいく作業の日々に、それこそ骨が折れる思いでした。

自転車にのっていたら
カナブンがぶつかってくるのは
どうして？ カナブンからしたら
人間って でっかいから
よけられないの？
いたいよ

（自転車にのっていたらカナブンがぶつかってくるのはどうして？
カナブンからしたら人間ってでっかいからよけられないの？　いたいよ）

飼育員さんの回答

あれはなぜなんでしょうね。すいません、すごく共感はできるのですが残念ながら理由はわかりません。

もともとカナブンの視力は低く、飛び方も昆虫の中ではあまり器用な方とは言えません。カナブン側からしたら突然巨大な壁がすごい速度でぶつかってくるようなものですからよけようがないのでしょうね。今後もカナブン側によけてもらうことは期待しない方がよさそうです。

いっそカナブンをよける訓練をしてみてはいかがでしょう。

みんなの質問
シャコは
えびの仲間ですか？
虫っぽくも
見えます。

（シャコはえびの仲間ですか？　虫っぽくも見えます。）

その24

飼育員さんの回答

海底に棲んでいるシャコですが、大きな複眼やカマキリのような脚があったりと昆虫っぽくも見えますよね。

ご質問にあるようにエビの仲間なのかというと、大きく分類すれば甲殻類に仲間分けされるので昆虫よりはエビに近いです。

ただ、昆虫よりはエビに近いとは言ったものの、甲殻類のグループの中ではるか大昔にはシャコの仲間とエビの仲間はちがう道を歩んでいて、実際にはエビとは遠く離れた仲間に分類されています。

シャコは水中で
強力なパンチを
くりだすよ！
分類上はエビとシャコより、
エビとダンゴムシの方が近い仲間

みんなの質問

よくけんかする
なかのわるい
どうぶつはいますか？
逆になかのよい
どうぶつもいますか

（よくけんかするなかのわるいどうぶつはいますか？
逆になかのよいどうぶつもいますか）

その

飼育員さんの回答

意外かもしれませんが、コアラのオスはとても縄張り意識が強くてすごく仲が悪いです。うっかり出会うと掴み合い、噛み合いの大げんかになります。とはいえ、コアラも不要な争いは避けたいもの。

実際は、大きな鳴き声を出したり、胸から出る分泌液のにおいでお互いの縄張りや力関係を伝え合ってけんかを避けて生活しています。人間も怒ったりけんかしたりするのってすごくエネルギーを使いますし、しないに越したことはないですよね。

仲の良い動物で思いつくのはプレーリードッグですね。群れの絆が強くて、鳴き声でコミュニケーションをとるだけでなく、キスやハグのような仕草で挨拶する姿がとても微笑ましいです。

みんなの質問
へびはどれくらいねるの?
(へびはどれくらいねるの?)
その26

飼育員さんの回答

ヘビにはまぶたがないので、目をつぶることができず、正直いつ起きていていつ眠っているのかわかりにくいんです。
たまに全身の力が抜けてだら～っとしている時間帯があるので、きっとその時は眠っているんじゃないかなと思っています。

子育てをしない動物はいますか？

（子育てをしない動物はいますか？）

飼育員さんの回答

そうですね、たとえばカッコウという鳥をご存知でしょうか。カッコウの親鳥はオオヨシキリなど別の種類の鳥の巣にこっそり自分の卵を産んでそのまま育てさせてしまうという習性を持っています。この習性を「托卵」というのですが、自然界というものは恐ろしいほどによくできています。

1.
カッコウの親鳥は
オオヨシキリの巣から卵を1個さらって
代わりに自分の卵を産む。
しかも卵の模様がそっくりだから
オオヨシキリの親鳥は気づかず温める。
1つだけ
カッコウ
2.
オオヨシキリの卵より数日先に
カッコウの卵が孵化する。
先に生まれたカッコウのヒナが
オオヨシキリの卵を巣から落とす。
たまにミスって自分が落ちてしまうことも……。
グシャ
3.
オオヨシキリの親鳥は
自分よりはるかに大きな
カッコウのヒナに
巣立つまで餌を
与え続ける。
オオヨシキリ

※托卵をする鳥は他にもいるよ。調べてみよう。

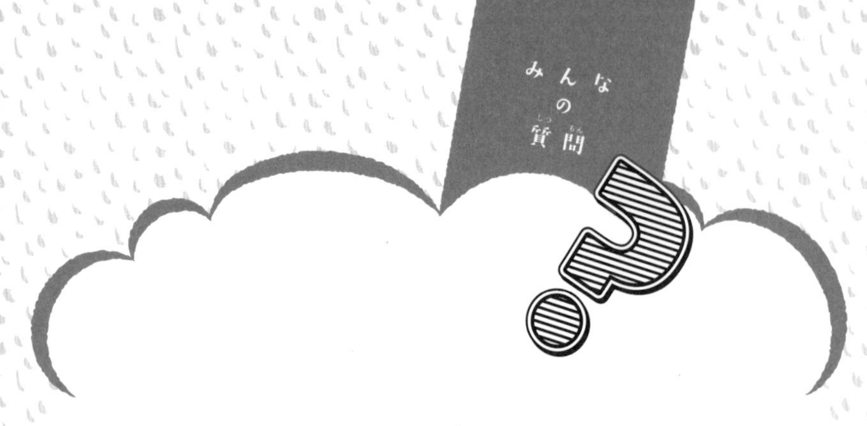

1番
トイレが近い
動物は
なんでおか？

（1番トイレが近い動物はなんですか？）

飼育員さんの回答

有名な動物でいうとラッコはかなりトイレが近いです。
野生のラッコは貝やウニや甲殻類などを中心に食べているのですが、海水の温度が低い地域に棲んでいるうえに体脂肪があまりないので、体温を保つために日ごろからかなりの量を食べて生きています。
そのうえ食べたものは消化もそこそこにすぐにうんちとして出てくるのです。

体操をしているのですが、体がかたくて困っています。

体がかたくて、動きにくそうな動物はいますか？

（体操をしているのですが、体がかたくて困っています。
体がかたくて、動きにくそうな動物はいますか？）

●この本をどこでお知りになりましたか?(複数回答可)

1. 書店で実物を見て　　2. 知人にすすめられて
3. SNSで(Twitter:　　Instagram:　　その他　　)
4. テレビで観た(番組名:　　)
5. 新聞広告(　　新聞)　　6. その他(　　)

●購入された動機は何ですか?(複数回答可)

1. 著者にひかれた　　2. タイトルにひかれた
3. テーマに興味をもった　　4. 装丁・デザインにひかれた
5. その他(　　)

●この本で特に良かったページはありますか?

[　　]

●最近気になる人や話題はありますか?

[　　]

●この本についてのご意見・ご感想をお書きください。

[　　]

以上となります。ご協力ありがとうございました。

お手数ですが
切手を
お貼りください

郵便はがき

150-8482

東京都渋谷区恵比寿4-4-9
えびす大黒ビル
ワニブックス書籍編集部

お買い求めいただいた本のタイトル

本書をお買い上げいただきまして、誠にありがとうございます。
本アンケートにお答えいただけたら幸いです。
ご返信いただいた方の中から、
抽選で毎月5名様に図書カード(500円分)をプレゼントします。

ご住所 〒 TEL(- -)	
(ふりがな) お名前	年齢 歳
ご職業	性別 男・女・無回答
いただいたご感想を、新聞広告などに匿名で使用してもよろしいですか? (はい・いいえ)	

※ご記入いただいた「個人情報」は、許可なく他の目的で使用することはありません。
※いただいたご感想は、一部内容を改変させていただく可能性があります。

飼育員さんの回答

哺乳類の中で関節がかたい動物はなんだろうと考えてみたのですが、これはなかなか難しい質問ですね。たとえばクジラやイルカの多くは泳ぐ際に水の抵抗を受けにくいよう流線形の体に進化してきたわけですが、首の骨はけっこう特徴的で、私たちと同じように7個の首の骨があるものの、ぎゅっと重なるよう連なっているためほとんど自由が利きません。

もし水族館のショーなどでイルカが水面から顔を出した状態でトレーナーと握手をしている姿を見たことがあったら思い出してみてください。イルカは首を曲げて前を向いていなかったんじゃないでしょうか。

※一部、シロイルカのように首の関節が癒合しておらず首を自由に動かせる仲間もいます

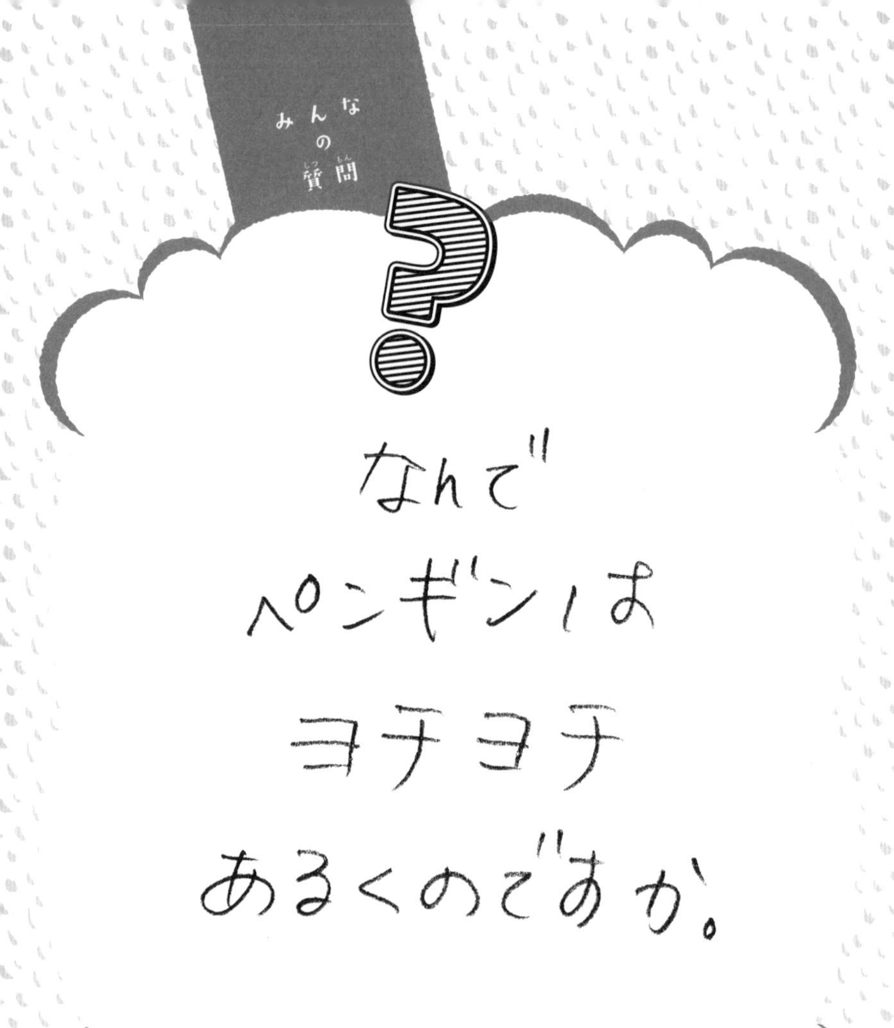
みんなの質問
なんで
ペンギンは
ヨチヨチ
あるくのですか。

（なんでペンギンはヨチヨチあるくのですか。）

その30

飼育員さんの回答

ペンギンの足は短く見えますよね。
でも実は外から見るよりずっと長いんですよ。泳ぐ時に水の抵抗を抑えるためや潜る時に水圧から体を守るために、ひざを曲げてしゃがみ込むような形で、足の大部分が体の中に収容されているイメージです。

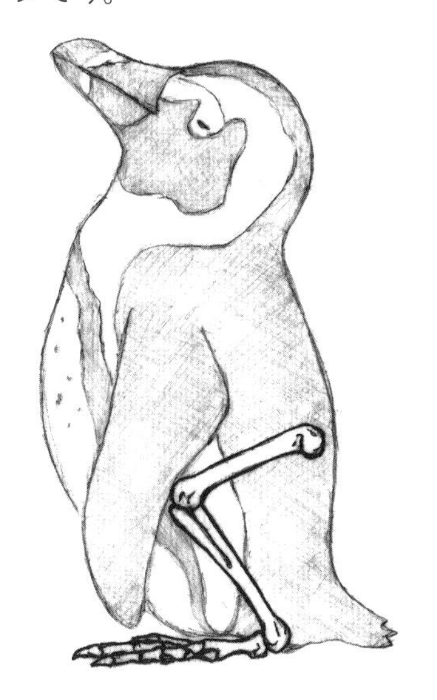

陸上で素早く歩くことより水中で器用に泳ぐことを優先した進化と言えそうですね。

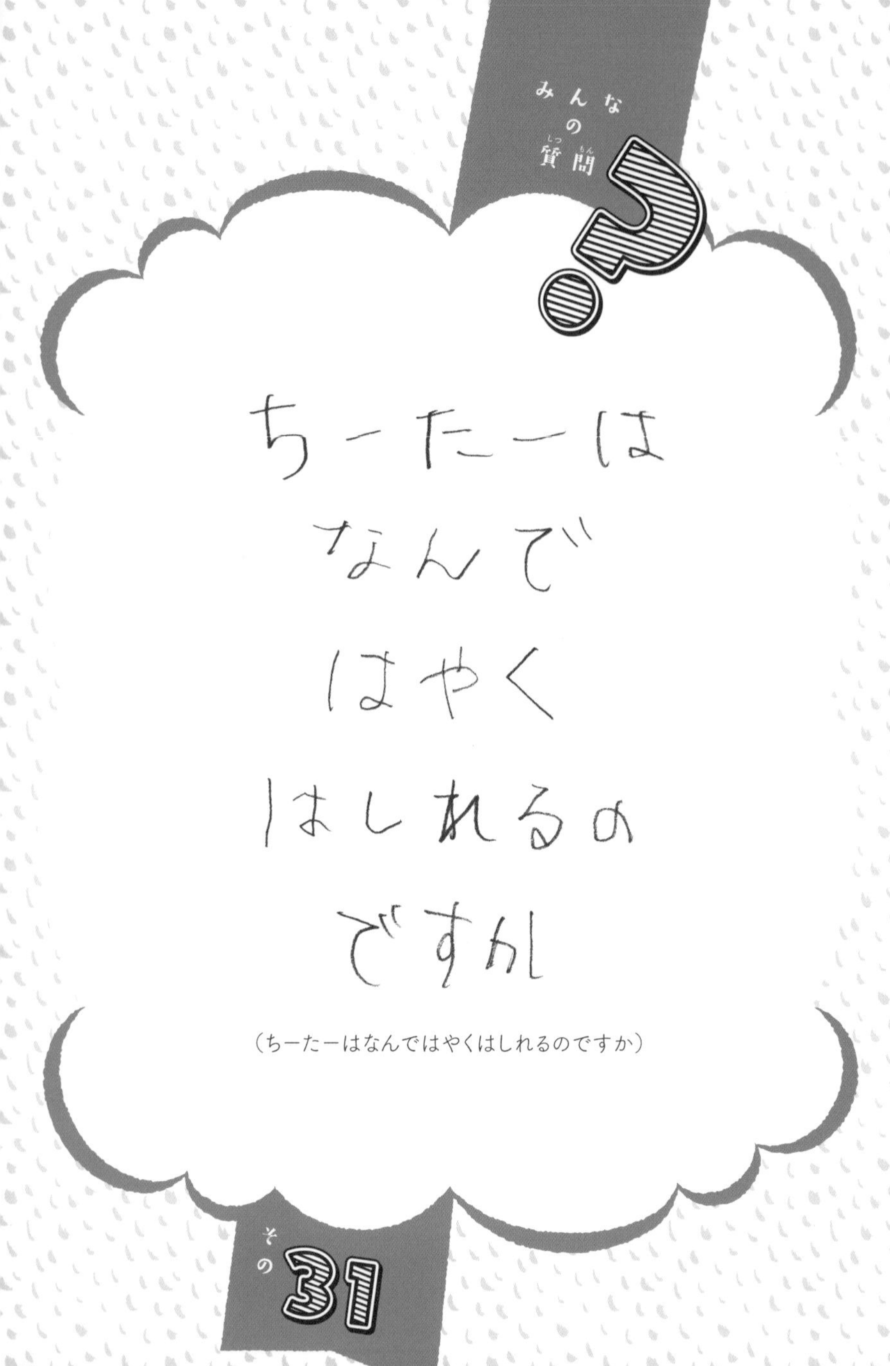
みんなの質問
ちーたーはなんではやくはしれるのですか
（ちーたーはなんではやくはしれるのですか）
その31

飼育員さんの回答

極限まで風の抵抗を抑える引き締まった流線形のフォルムの中に詰まった、大型ネコの仲間特有の強靭かつしなやかでバネのような筋肉と、スパイクのように常に出っぱなしの爪はチーターの持つ特徴です（ネコの仲間の爪は通常時しまわれている）。なんと走り出して2秒後には時速70kmを超え、最高速度は時速120km近くまで出ると言われています。走るために進化した無駄のない姿、あぁ美しい……。

実は私、飼育員になる前の学生時代にチーターに魅了され1年間動物園でチーターの研究実習をしておりましたので個人的に思い入れの強い動物です。

みんなの質問

動物は奥歯でかむことが多いのにどうして前歯が必要なんですか？

（動物は奥歯でかむことが多いのに
どうして前歯が必要なんですか？）

その32

飼育員さんの回答

私たち哺乳類にとっての前歯は、主に食べ物を噛み切るのに役立っています。
ところがウシの仲間には前歯が下あごにしかありません。上の前歯もないと草を上手に噛み切れないんじゃないの？　って思いますよね。
でも大丈夫、前歯の代わりに上あごの歯茎が硬くなっているんです。上あごの歯茎をまな板、下あごの前歯を包丁のように使って器用に草を噛み切っているんですよ。
ヒツジやヤギ、キリンなどもウシの仲間なので同じような口になっていますよ。草を食べている姿を見る機会があったらぜひじっくり観察してみてください。

鳴かない動物はいますか？
音を出さない、発さない
生き物がいたら知りたいです。

（鳴かない動物はいますか？
音を出さない、発さない
生き物がいたら知りたいです。）

飼育員さんの回答

身近な動物で鳴かない動物というとウサギがいます。口からはほとんど鳴き声を出しませんが、嬉しい時や不機嫌な時などに鼻を鳴らしたり、もっと怒るとダンダンッと地面を足で踏み鳴らして大きな音を出すことで意思表示をすることがあります。
この足元を鳴らす行動は「スタンピング」といって、野生のウサギが天敵の接近をいち早く仲間たちに知らせるために行っていた行動が起源になっていると言われています。

みんなの質問（しつもん）

きょうりゅうは、いまも、いるんですか。?

（きょうりゅうはいまもいるんですか？）

その34

飼育員さんの回答

実は恐竜が絶滅していなくて、その一部が今でも私たちのまわりで生活しているとしたら……。

これはもしものお話ではなくて、今では羽毛を持つ恐竜から現代の鳥の姿へと進化していったという説が一般的になっていますが、恐竜と鳥の中間的な特徴を持つ化石がつぎつぎと発見されていくうちに、その境目がだんだんなくなってきました。

最近では「鳥は恐竜の子孫」ではなく、鳥を恐竜の分類の中に含める「鳥は恐竜の一種」という説も支持されつつあります。

ホワイトタイガーは毛はなんで白としてそだったのですか?

（ホワイトタイガーは毛はなんで白としてそだったのですか？）

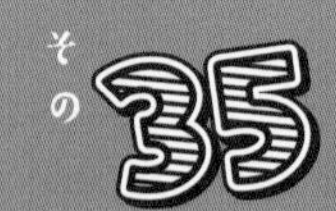

飼育員さんの回答

動物園などで見られるホワイトタイガーですが、トラの中にホワイトタイガーという種類があるのではなく、“ベンガルトラ”というトラから遺伝の関係で生まれてくる、生まれつき体の毛が白い“白変種”と呼ばれる個体をホワイトタイガーと呼んでいます。

これは生まれつき決まっている色なので、黄色いベンガルトラが成長の途中でホワイトタイガーになることはありませんが、遺伝子の組み合わせによっては、黄色いベンガルトラのお父さんとお母さんからでもホワイトタイガーの子どもが生まれてくる可能性はあります。

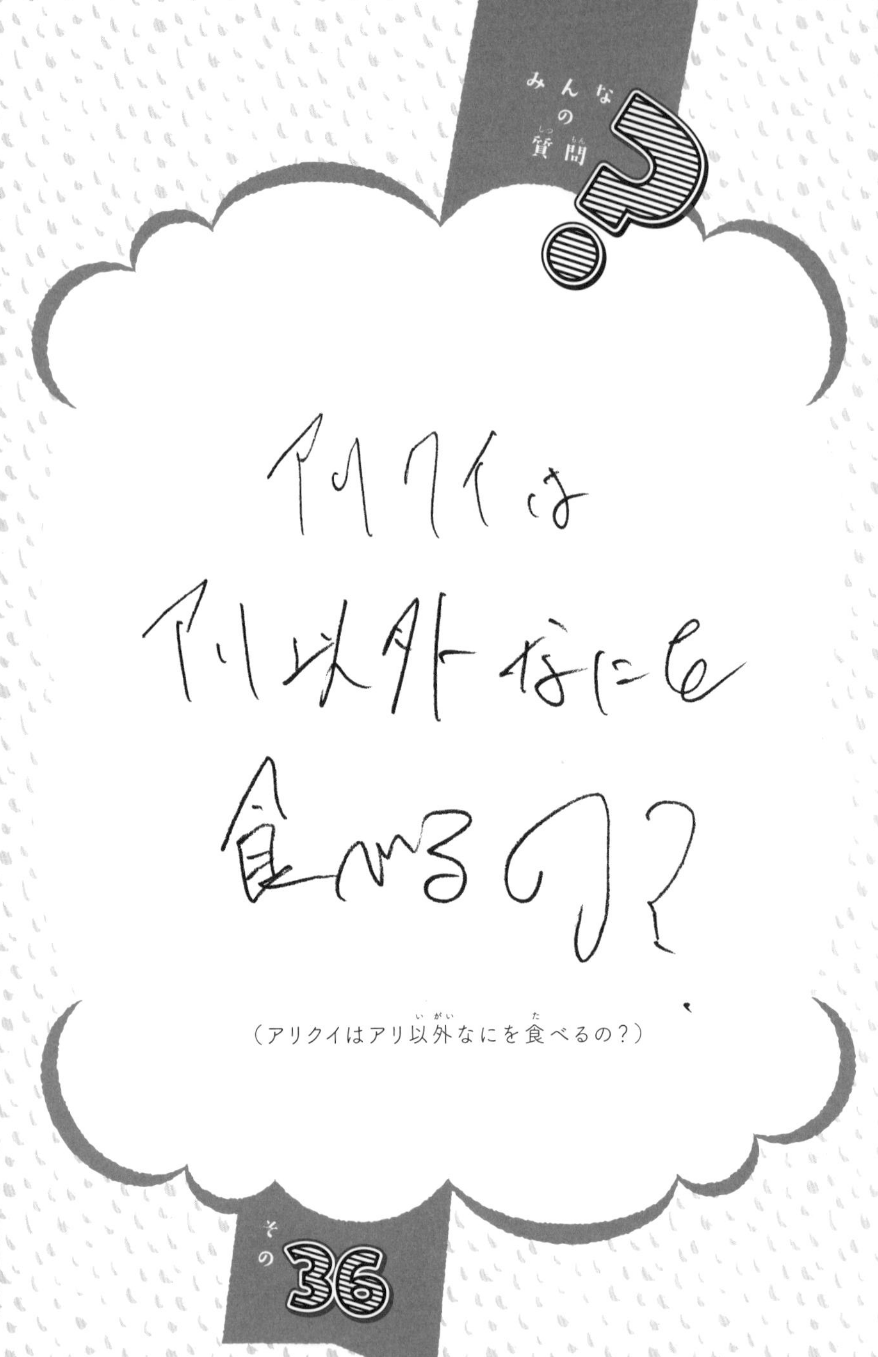

みんなの質問
アリクイは
アリ以外なにを
食べるの？
その36

（アリクイはアリ以外なにを食べるの？）

飼育員さんの回答

アリクイといえば自然界ではアリやシロアリなどを主食にしていますが、ものすごい数のアリを食べるんですよね。
動物園でもアリクイを飼育しているところがありますが、毎日数万匹のアリを用意するのは困難です。
そこで動物園では代用食としてドロドロのペーストを与えていることが多いです。
ペーストの材料は馬肉やヨーグルトなど動物性のものをメインに、人工飼料や少量の野菜、サプリメントなどで栄養を調整してミキサーにかけた各動物園の特別製です。
栄養の調整はもちろん、味に関してもヨーグルトの酸味で再現されています。 アリが酸っぱいって知ってました？

なまけものは
なぜ
ゆっくりうごくの
ですか。

（なまけものはなぜゆっくりうごくのですか。）

飼育員さんの回答

ナマケモノは哺乳類としてはめずらしく体温が定まっていません。
また、食事は一日にほんの少しの植物を中心に食べるだけなので、できるだけエネルギーを使わなくて済むような生活を送っています。
一日のほとんどは木の上で過ごしているわけですが、長く発達したかぎ爪をひっかけてぶらさがることで、握力も使わないようにしています。
動かなすぎて体中に苔が生えるほど（その苔も自分で食べる）ですが、決して怠けているわけではないんですよ。
ああ見えて彼らなりに必死に生きているんです。

『生き物の「なぜ?」に飼育員が答えます!』誕生秘話

動物園では看板、展示物、イベントなどを通して動物たちの生態や体のしくみなどを紹介していますが、どのように表現したら伝わりやすいだろうか、どうしたら来園者の方々がより楽しみながら興味を持っていただけるだろうか……と飼育員たちは日々考えながら試行錯誤しています。

この本のもとにもなっている、当園の生き物に関する質問回答コーナーは特に工夫が試される場所でもあります。

正直、最初は質問に対する回答を園内に貼りだしても、ほとんど読んでいただけなかったんですね。それがある時、空きスペースにインパクトのあるイラストを描き加えてみたところ、興味を引いて立ち止まってくださるように。文章も少しユニークにしてみたところ、ますます読んでくださる方が増えました。ついには本にしていただくことで、よりたくさんの方々にご覧いただけるようになるなんて、当時は思ってもみませんでした。

回答を書く時の原動力はやはりみなさんからのリアクションです。掲示している回答を読んでくださっている方が笑って、驚いて、共感してくれているところに遭遇する時

が一番嬉しいですね。

文章に関してはわりと自由に書いていますが、例えば私たち人間と動物を比較して書く時に、私たちを生物のなかの種として取り扱う時は「人間」ではなく「ヒト」と表記して書き分けたり、いくつか意識していることはあります。

お子さま向けにはじめた取り組みですが、大人の方からも疑問・質問をたくさんいただいています。いろんな世代の方に楽しんでもらえるように書くのはけっこう難しいですが、とてもやりがいを感じています。

また、飼育員は毎日動物たちに囲まれてお仕事をしていると、いろいろなことが当たり前になって疑問に思うことを忘れがちになる時があるので、そんな時はみなさんから寄せられる質問を読んでは刺激を受けて、初心を取り戻すようにしています。

まだお答えできていない疑問・質問がデスクにたまっているので、これからもどんどん回答を書いていく予定です。ぜひ園の方にも足を運んで、本に載せきれていない分もご覧いただけたら嬉しいです。

コアラに
すごい

たえ

コアラは、
ずっと寝て食べてを
繰り返しているのに
なぜ太らないのですか？
人間だと
すぐ太るはずですが…。

コアラは、ずっと寝て食べてを繰り返しているのに
なぜ太らないのですか？
人間だとすぐ太るはずですが…。

飼育員さんの回答

もともと主食としているユーカリに栄養があまりないのと、コアラはユーカリに含まれる毒素を分解するためにけっこうエネルギーを消費しているそうです。
なので、食べても食べても得られるエネルギーを消化のために費やすので太るほど手元に残らないんですね。
一日の大半を眠って過ごしているのもそのためで、あれでもけっこうギリギリを攻めている動物なんです。

コアラの学名を

教えて下さい。

（コアラの学名を教えて下さい。）

飼育員さんの回答

学名に興味があるのでしょうか。いろんな生き物の学名とその意味を調べてみるのはおもしろいですよね。

学名とは？　という方にもわかりやすく説明しますと、生物学上のルールに従って生物につけられた“世界共通の呼び名”です。たとえば、学者さんたちの間でについて議論する時に「イヌ」は日本でしか通用しませんし、「dog」だと英語圏の人たちには通用しても世界共通かというとそうとも限りません。

そこで「*Canis lupus familiaris*」と言うと「あぁのことね!」となるわけです。

コアラの学名は「*Phascolarctos cinereus*」と表記します。

「ファスコラルクタス シネレウス」や「パスコラルクトス　キネレウス」などと発音して、日本語に訳すと「灰色の袋を持った熊」といった意味になります。

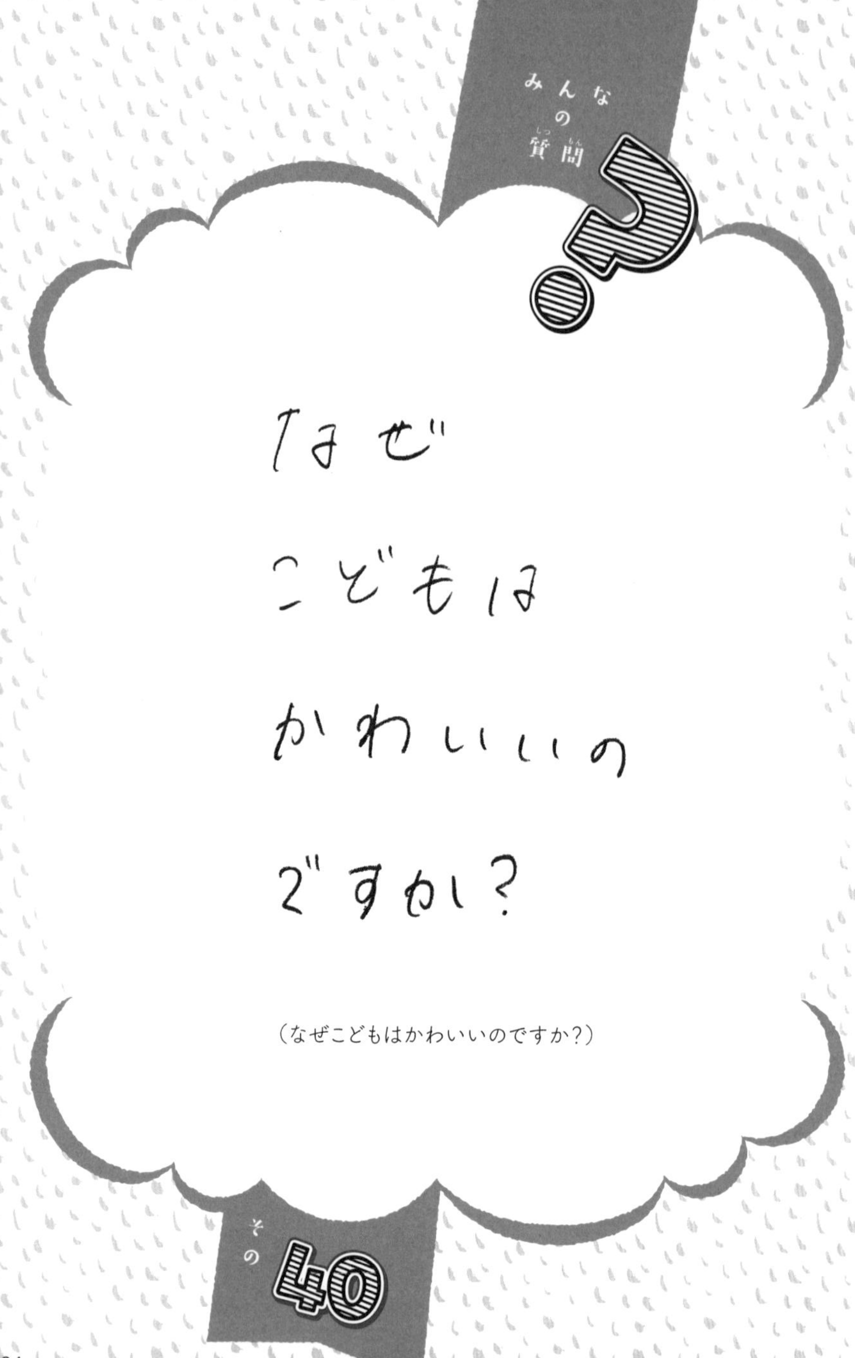
みんなの質問
なぜ
こどもは
かわいいの
ですか？
その40

（なぜこどもはかわいいのですか？）

飼育員さんの回答

ヒトを含め、多くの動物の赤ちゃんの持つ特徴として、体の割に大きな頭、顔のパーツが中央より下にある、太くて短い手足（四肢）、丸っこい体、ふくらんだ頬などがありますが、これはヒトが本能的に「かわいい!」「守ってあげたい!」と感じてしまう視覚的な要素『ベビースキーマ（ベビーシェマ）』が備わっているからだと言われています。

ちなみに、コアラは大人に成長してもこのような要素が詰まっているからいつまでもかわいいのかもしれませんね。

みんなの質問（しつもん）

?

なんでこあらはいっぽがないの

（なんでこあらはしっぽがないの）

その41

飼育員さんの回答

いいところに気づきましたね。

木の上など高い場所を生活の場としている動物には、バランスをとったり枝に巻きつけるためにしっぽが長いものが多いです。

ところがコアラにはしっぽが見当たりませんよね。どちらかというと、木の上でずっと座って生活するコアラにとって長いしっぽはかえって邪魔だったので退化したのかもしれません。

でも、コアラにはしっぽの骨が実は少しだけ残っていて、外側からお尻のあたりを触ってみると指先くらいのぽこっとした突起が触れます。これがしっぽの名残です。

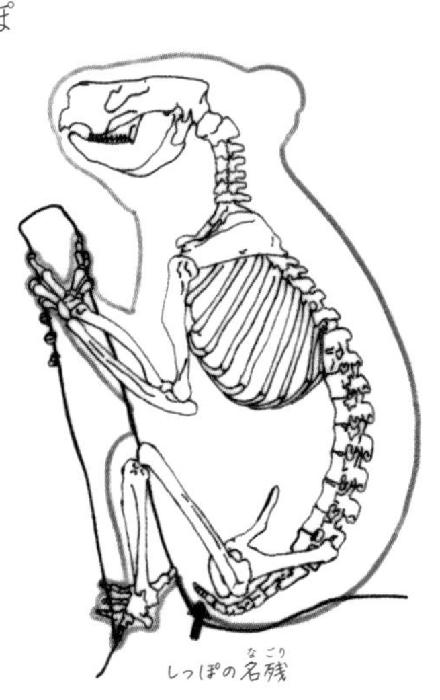

コアラは
ずっと同じ姿せいでねていて、
背中がはげたり
しないんですか

（コアラはずっと同じ姿せいでねていて、
背中がはげたりしないんですか）

飼育員さんの回答

そうですね、おっしゃるようにずっと同じ姿勢だったら背中がはげてしまうかもしれませんね。

実際は一日の間でわりと体勢を変えているので、そこまで心配する必要はなさそうです。

ただ、お年寄りのコアラの場合は自分で姿勢を変える機会も減るので、座る場所にクッション材を当てて床擦れにならないように配慮しています。

我が家の食費と
コアラの食費
どっちが
高いのでしょうか？

（我が家の食費とコアラの食費どっちが高いのでしょうか？）

飼育員さんの回答

コアラの餌代には、ユーカリの枝そのものの単価にプラスしてユーカリを育てるための土地の借地料や栽培委託費なども含まれています。
大人の事情で金額は言えませんが、コアラは動物園の動物の中でもトップクラスで餌代のかかる動物なんです。
おうちの食費がわからないのですが、おそらくコアラの食費の方がかかっているかと思われます。

コアラはなぜ
灰色なんですか？
木に隠れるなら、
みどりとか茶色の方が
効率よくないですか？

コアラはなぜ灰色なんですか？
木に隠れるなら、みどりとか茶色の方が
効率よくないですか？

その44

飼育員さんの回答

コアラは一日のうちほとんどの時間をユーカリの木の上で過ごしますが、コアラの毛の色もユーカリの木の上ではある程度の保護色になっているのかもしれません。
また、コアラのお腹側やお尻をよく観察してみてください。灰色ではなく白い色をしていますね。
このように、太陽の光が当たりやすい背中側の色が濃くて、光が当たりにくいお腹側の色が薄いような配色を「カウンターシェーディング」といって、体の色をまわりの風景の中で目立たせなくする効果があります。

（コアラの絵描き歌を教えてください!!）

飼育員さんの回答

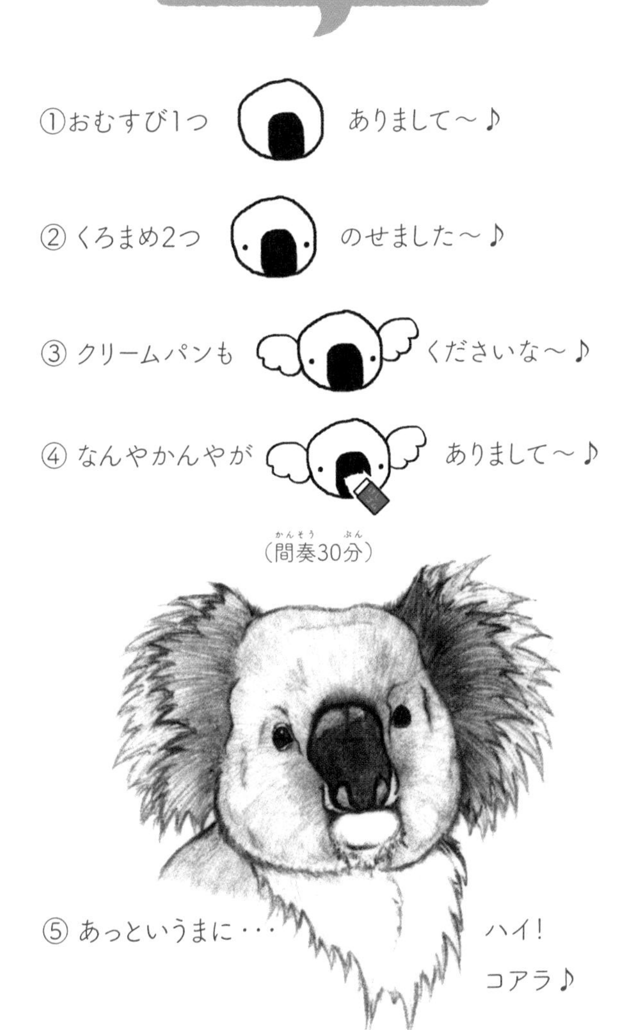

①おむすび1つ　ありまして～♪

② くろまめ2つ　のせました～♪

③ クリームパンも　くださいな～♪

④ なんやかんやが　ありまして～♪

（間奏30分）

⑤ あっというまに・・・

ハイ!

コアラ♪

なんで コアラの骨の

歯は黒いんですか?

おはぐろみたい。

なんでコアラの骨の歯は黒いんですか?
おはぐろみたい。

飼育員さんの回答

観覧通路の一番奥に展示している骨格標本をご覧になったのですね。
歯が黒いことに気づくとは、よく観察されていますね。
そうなんです、コアラの歯はユーカリに含まれるタンニンなどの色素が蓄積することによって黒くなるんです。
生きているコアラでも、あくびをしている瞬間に確認することができますので機会があったらぜひ見てみてください。

こあらの
歯は
何本?

(こあらの歯は何本?)

飼育員さんの回答

コアラの歯は上あごに18本、下あごに12本、合計30本の歯が生えています。
実はコアラの上あごには小さいながらも尖った犬歯があるんですよ。
犬歯って肉食動物や雑食動物では肉を切り裂いたり獲物を離さないために発達していることが多いんですが、ユーカリしか食べないコアラにとってどのように使われているのか謎ですね。

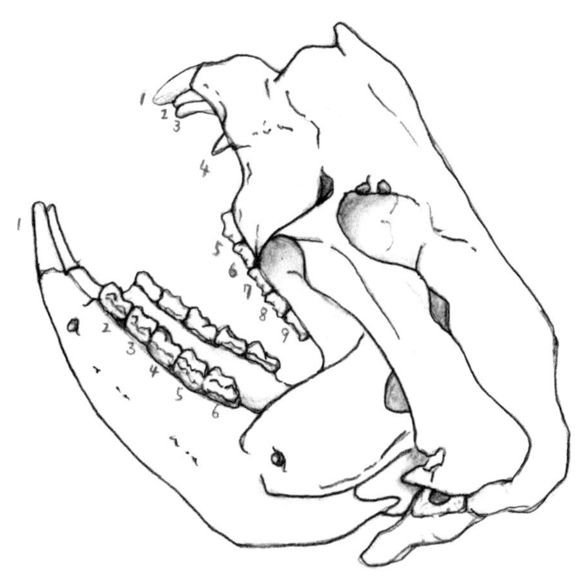

みんなの質問
ユーカリの木は
育てるまで
何年かかりますか？
(えだを取れるまで)
ユーカリの木は育てるまで何年かかりますか？
〈えだを取れるまで〉
その48

飼育員さんの回答

種類にもよりますが、早いものだと種をまいてから3年ほどで高さ3mくらいに成長します。それくらいで一度目の収穫として枝を切ってコアラの餌にすることができます。環境が合うとあっという間に成長する植物なので、大きくなりすぎないように定期的に切って管理することが大切です。
とはいえ、日本の気候ではなかなか育てにくい植物ではありますので、効率よく育てるために試行錯誤しています。

人生(じんせい)への

すごい

4
こたえ

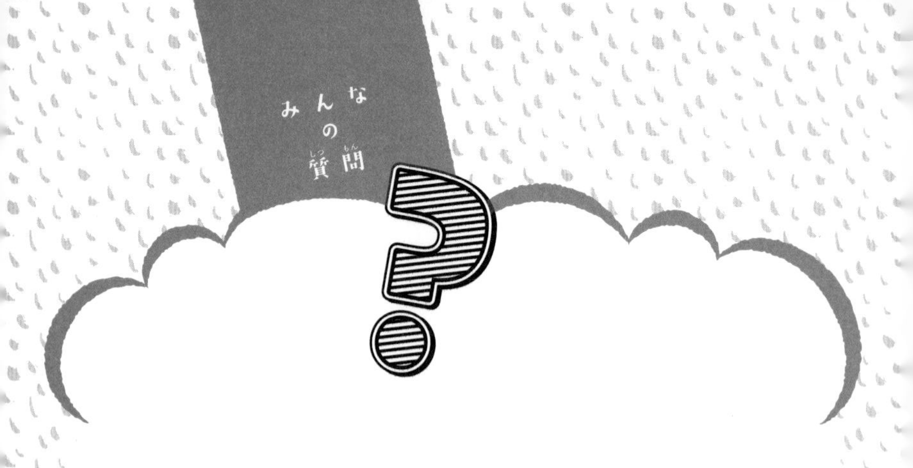

人生は愛嬌ですか？

（人生は愛嬌ですか？）

飼育員さんの回答

愛嬌は大事ですが愛嬌だけではどうにもならないのも人生です。

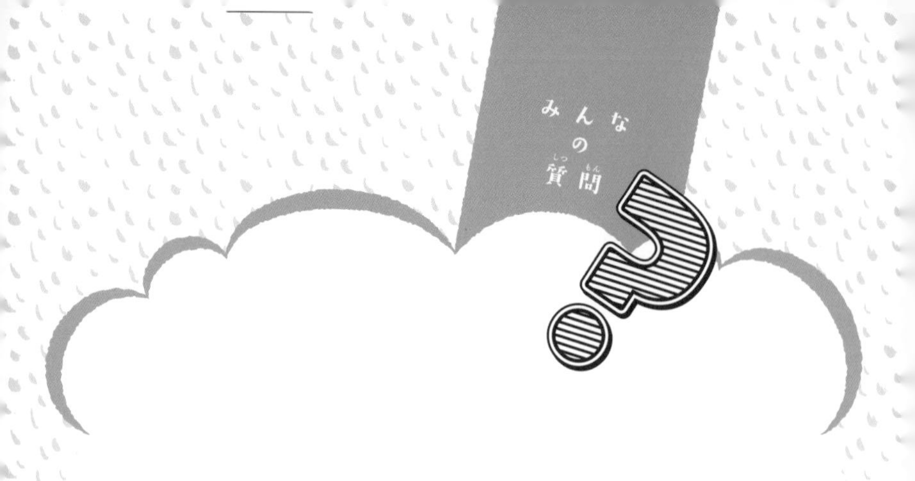

夫とラクダの区別がつきません。

（夫とラクダの区別がつきません。）

飼育員さんの回答

ご主人はきっと優しそうなお顔立ちなんですね。
では、ご主人とラクダの見分け方をお教えしますね。
背中に脂肪をたくわえることができるのがラクダ。
お腹に脂肪をたくわえがちなのがご主人です。

ラクダのコブのひみつ

ラクダは暑さに強いのと、一度に大量に水を飲むことから、
昔はコブの中に水がたくわえられていると考えられていました。
実際にはコブの中には脂肪がたくわえられていて、
食料の少ない地域で飢えをしのぐだけでなく、
強い日差しから体を守る効果もあるそうです。
また、水分は水分で体中の血液中にたくわえることができるんだそうです。

みんなの質問？

ペンギン、ペンギン、ペンギン、ペンギン、ペンギン、ペンギン
ペンギン、ペンギン、ペンギン、ペンギン、ペンギン、ペンギン
ペンギン、ペンギン、ペンギン、ペンギン、ペンギン、ペンギン
ペンギン、ペンギン、ペンギン、ペンギン、ペンギン、ペンギン
ペンギン、ペンギン、ペンギン、ペンギン、ペンギン、ペンギン
ペンギン、ペンギン、ペンギン、ペンギン、ペンギン、ペンギン
ペンギン、ペンギン、ペンギン、ペンギン、ペンギン、ペンギン
ペンギン、ペンギン、ペンギン、ペンギン、ペンギン、ペンギン
ペンギン、ペンギン、ペンギン、ペンギン、ペンギン、ペンギン
ペンギン、ペンギン、ペンギン、ペンギン、ペンギン、ペンギン
ペンギン、ペンギン、ペンギン、ペンギン、ペンギン、ペンギン
ペンギン、ペンギン、ペンギン、ペンギン、ペンギン、ペンギン
ペンギン、ペンギン、ペンギン、ペンギン、ペンギン、ペンギン
ペンギン、ペンギン、ペンギン、ペンギン、ペンギン、ペンギン
ペンギン、ペンギン、ペンギン、ペンギン、ペンギン、ペンギン

その51

飼育員さんの回答

ペンギンがお好きなのは伝わるのですが、狂気を感じます。

右上のイラストは
ジェンツーペンギンですね？

大人になるほど
素直になれないのは
どうしてですか？

（大人になるほど素直になれないのはどうしてですか？）

飼育員さんの回答

きっとみなさんも幼い頃にはもっと思ったことや感じたことをありのまま表現できていたと思うんです。
学校に行ったり会社に行ったりとたくさんの人に囲まれて生活するようになるにつれて、時には素直な気持ちを表に出すことで、他人と衝突しちゃったり苦い経験をしたことが誰にでも多かれ少なかれあるんじゃないでしょうか。
これって私たちだけでなく動物たちにもあることなんですよ。
動物たちもじゃれているつもりが強く噛みすぎて怒られたり、しつこく求愛して嫌われたり、成長の過程でさまざまな経験を積んで、仲間との適切な距離のとり方を学んでいきます。
なかなか素直になれない相手にも「ありがとう」と「ごめんなさい」の気持ちはまっすぐに伝えたいですね。

【ヤマアラシのジレンマ】
本当はあの人ともっと仲良くなりたいのに、距離が縮まることで相手を傷つけてしまったり、逆に嫌われたりしないかなと悩んでしまうような心理を、トゲトゲの毛で身を守る動物「ヤマアラシ」に例えたお話です。

どうしたら前向きになれますか？

（どうしたら前向きになれますか？）

その53

飼育員さんの回答

どうもヒトってポジティブなことよりネガティブなことに意識が向きやすいみたいなんです。
ざっくり言うと太古から受け継がれる生存本能のしわざっぽいんですが、「じゃあしかたないか」って受け入れてみると少しだけ心が軽くなるかも。
余談ですが、オーストラリアの国章には「カンガルー」と「エミュー」が描かれています。カンガルーとエミューはどちらも後ろ向きに歩けないことから「常に前進を」という意味が込められているそうですよ。

みんなの質問

ぼくは、大人になったら、

「ほにゅうむら」という本を書きます。

それは、ほにゅうるいがくらす村のものがたりです。

そのためにひつような、

ほにゅうるいのちしきを教えてください。

ぼくは大人になったら、
「ほにゅうむら」という本を書きます。
それは、ほにゅうるいがくらす村のものがたりです。
そのためにひつような、
ほにゅうるいのちしきを
教えてください。

ゾウの鼻はきんにく。

飼育員さんの回答

タイトルも内容もすごく興味をそそられました。
「ほにゅうむら」が完成したら最初の読者になりたいのでぜひ教えてくださいね。
「ゾウの鼻は筋肉」ってことを知っている君は私が教えなくても十分いろんな動物の知識を持っていそうな気がしますよ。

働きたくないな
という時は
ありますか？

（働きたくないなという時はありますか？）

飼育員さんの回答

正直に言うとありますよ。

飼育員
5

さんの
すごい
こたえ

みんなの質問

動物園に行く時、
私たちは 動物の外見 を
主に見るのですが、
飼育員さん 目線で
どんなところに注目して
動物たちを見ていますか？

（動物園に行く時、私たちは動物の外見を主に見るのですが、
飼育員さん目線でどんなところに注目して動物たちを見ていますか？）

飼育員さんの回答

どんな餌を与えているのかな、飼育環境で参考にできるところはあるかな、スタッフはどんな動きをしているかな、解説看板の内容がおもしろいな、などなど動物を観察している時間よりも動物以外のものを見ている時間の方が長いかもしれません。だいたい動物園の飼育員は見ているところが独特なので、実は私たちも来園者の中に同業者（飼育員）の方がいたら見抜いています。

飼育員さんは、すごいと思った動物(また虫)はいますか。いたらなんですか。

飼育員さんは、すごいと思った動物〈または虫〉はいますか。いたらなんですか。

飼育員さんの回答

私がすごいと思うのは、地球上に生きているすべての生き物たちです。
それぞれが一生懸命に生きて命を繋いでいる姿は美しいです。
生き物のことを知れば知るほど、ライオンもクジラもダンゴムシもみんなみんな今この瞬間にもたくましく生きていることが本当にすごいことだと思います。

みんなの質問？

私も絵が上手くなりたいです。
どうしたらなれますか。
飼育員 絵ウマ〜♡

あと、
骨格が面白い生き物が
知りたいです！

私も絵が上手くなりたいです。どうしたらなれますか。
飼育員　絵ウマ〜♡
あと、骨格が面白い生き物が知りたいです！

飼育員さんの回答

ありがとうございます。 私は生き物の絵を描く際、画像などの資料を見ながら、頭の中で対象の生き物の体の構造や動きをイメージしてポーズを決めて描いています。
もともと生き物を観察するのが好きなのでこういった作業が得意なのかもしれません。
私が骨格がおもしろいと思う生き物はマンボウです。

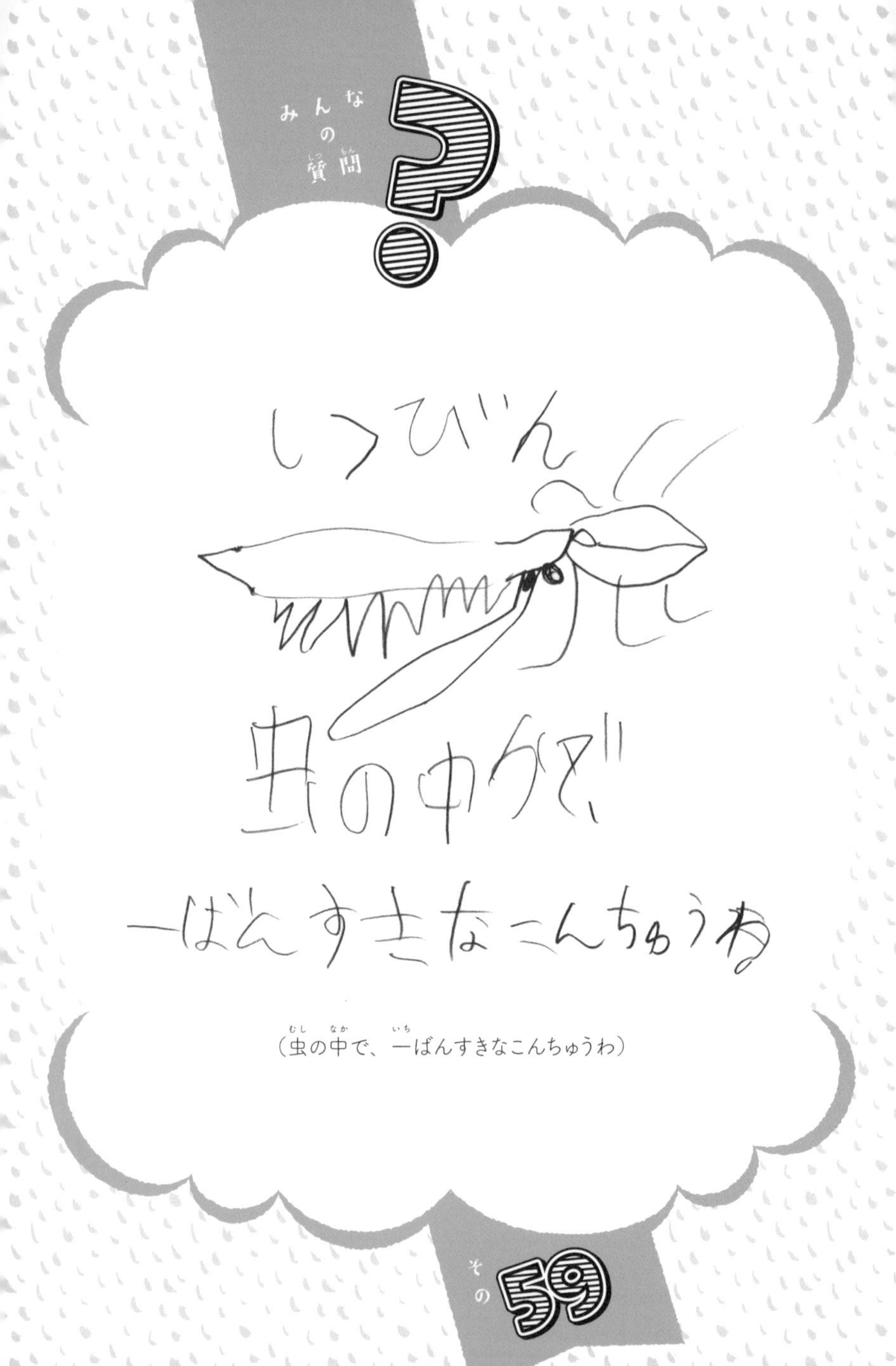

みんなの質問
?
虫の中で
一ばんすきなこんちゅうわ
その59

（虫の中で、一ばんすきなこんちゅうわ）

飼育員さんの回答

一番好きな昆虫は、そうですね～。

走る！　掘る！　泳ぐ！　飛ぶ！　鳴く！　と欲張りスペック昆虫「ケラ」をご存知でしょうか。有名な童謡にも登場するあの「おけら」のことです。私はケラを見るとテンションが上がります。

前足がパワーショベルのような形状で、普段はモグラのように土を掘って地中で生活していますが、この前足は水面を泳ぐ時にも機能を発揮します。これがけっこう速いんですよ。

まるで水陸両用モビ〇スーツのよう！

さらに、羽があるので空を飛ぶこともできます。すごくないですか。ちなみに、夏の夜に地面から聞こえる「ジ――」という鳴き声、よく「ミミズの鳴き声」と言われるアレも実はケラの鳴き声だったりするんですよ。

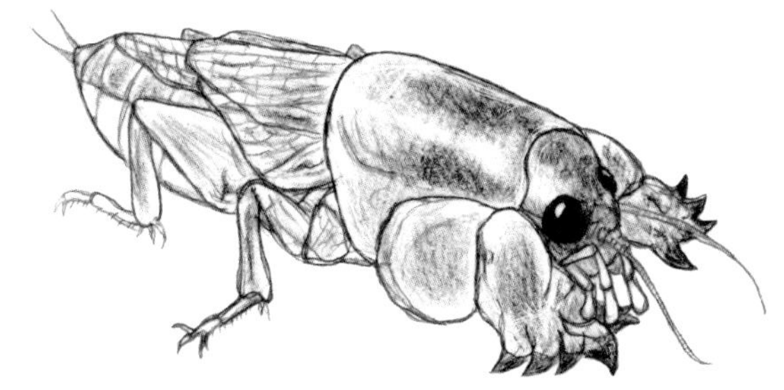

ノロは好きですか

私は好きです

（ノロは好きですか　私は好きです）

飼育員さんの回答

ミジンコの仲間のノロのことですよね？

私も好きですよ！

ノロって存在自体がほとんど認知されていないんですよね。

なのでノロが好きだという方にはじめて出会いました。

次回ご来園される際にはぜひプランクトンについてお話したいものです。

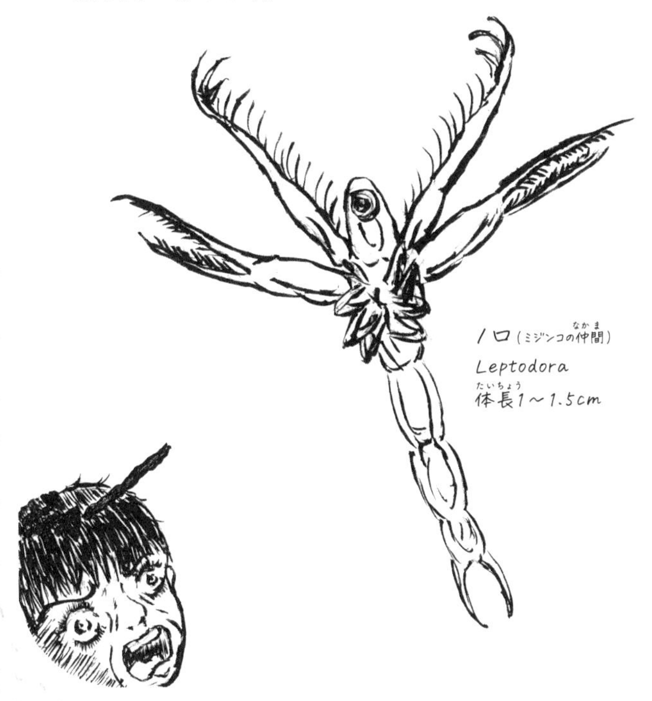

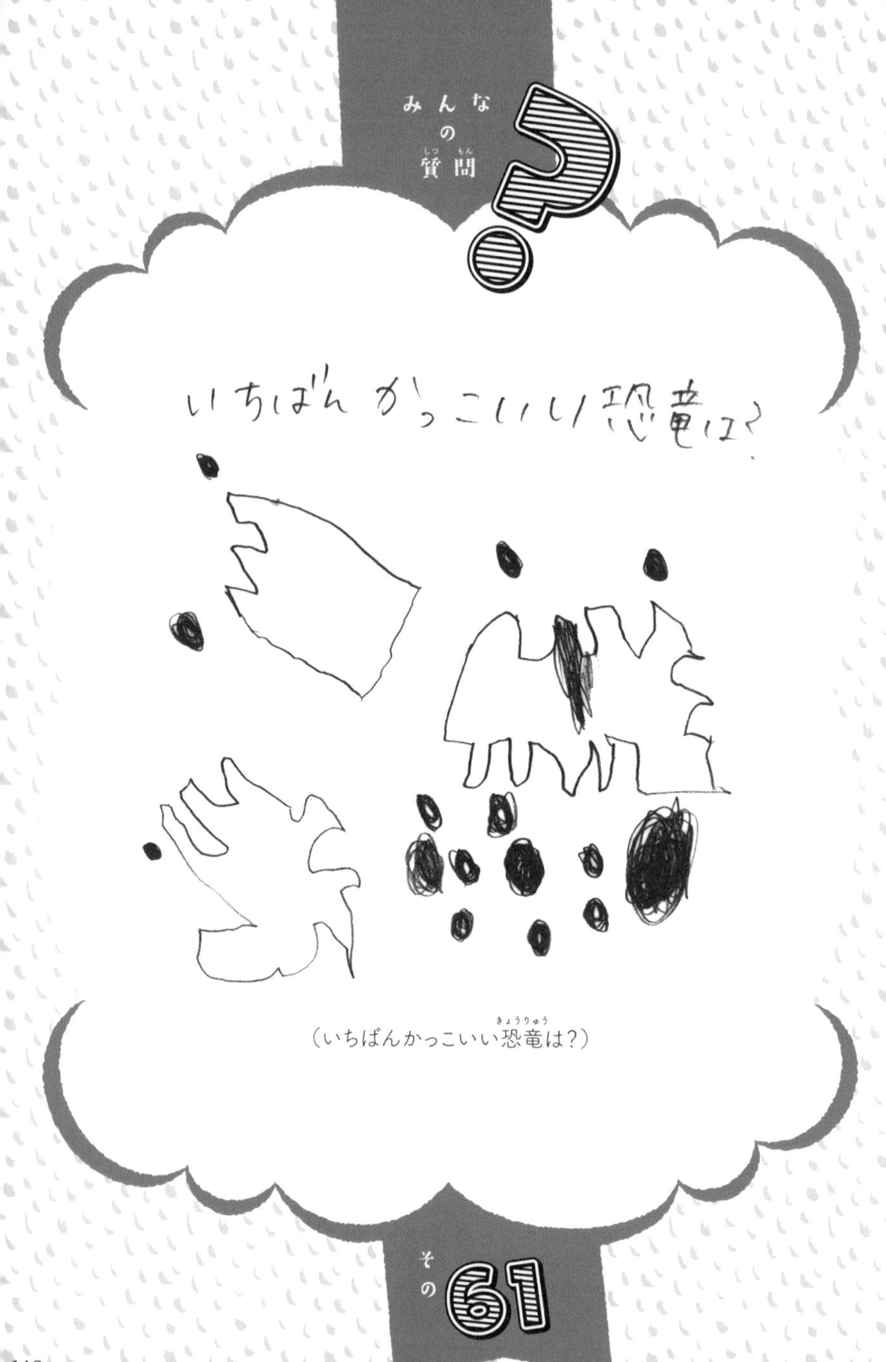
みんなの質問
いちばんかっこいい恐竜は?
その61

(いちばんかっこいい恐竜は?)

飼育員さんの回答

一番かっこいい恐竜を選ぶのは難しいですね。
鋭い歯や爪を持っていたり、トゲや鎧で武装しているような恐竜たちが人気ですが、人それぞれ好みがあるので私には決められません。かわりに私が好きな恐竜をご紹介しますね。
私は“白亜紀の羊”の二つ名を持つ、プロトケラトプス推しです。トリケラトプスが有名な角竜の仲間でありながら角がなく、体も小さめなので一見地味に見られがちですが、けっこう味わい深いフォルムだと思いますよ。
今度ぜひ好きな恐竜を教えてください。

死んだ生物はどうするんですか？

（死んだ生物はどうするんですか？）

飼育員さんの回答

当園で死んでまった動物はどの個体も、寿命であっても病気であっても、基本的には解剖を行ったりそれでも判明しない場合は検体を検査機関に送ることで、その原因を究明します。

かわいがってきた動物たちの解剖に立ち会うのは正直つらいですが、今後の飼育に役立てるためにこれも大事な仕事です。

年に数回、動物園の飼育員や獣医師さんが集まる勉強会のような機会があるので、そのような場で症例を発表して情報を共有することもあります。

飼育している

動物が亡くなってしまったら

すぐに立ち直れない

気がします。

どうしていますか？

（飼育している動物が亡くなってしまったら
すぐに立ち直れない気がします。
どうしていますか？）

飼育員さんの回答

そうですね。お仕事で動物の飼育をしている私たちでも、ずっとお世話してきた動物たちが死んでしまうのはすごくつらく悲しいできごとです。なかなか立ち直れないこともあります。

しかし私たちには、動物たちが死んでしまった後にも果たすべきことがあります。

それは、死んでしまった動物たちの解剖や検査を行い死因を解明することで、いま生きている他の動物たちに幸せに長生きしてもらうことに繋げるという、私たちならではの大切な使命です。

飼育員というお仕事をしている以上、どうしても動物たちの病気や死と間近で向き合わなければならない場面に直面します。

動物が好きなだけでは務まりませんが、その分、喜びや感動をたくさん感じることのできる魅力あるお仕事です。

飼育員さん同士で
恋愛するんですか？

（飼育員さん同士で恋愛するんですか？）

飼育員さんの回答

しますよ。実際、飼育員同士で恋愛をして結婚に至ったカップルを何組も見てきています。

リアルなお話をすると、同じ職場で担当動物も同じ人たちの間では、どちらかは出勤しないと動物のお世話ができないのでお休みが被りにくく、恋愛に発展しにくいかもしれません。

担当している 動物に
きらわれたり、見下されたり
することありますか？
（担当している動物以外でも
OKです）

（担当している動物にきらわれたり、見下されたりすることありますか？
〈担当している動物以外でもOKです〉）

飼育員さんの回答

頭のいい動物や鳥たちはけっこう飼育員のことを見てますね。
群れや家族で生活する習性のある動物たちなんかだと、飼育員の間にも順位づけのようなことをされているなと感じることがあります。
せっかく信頼関係を築いても、治療など動物たちにとって嫌なことをしてしまうと一気に嫌われたりはしますね。
こちらとしてもしかたなく行っているとはいえ、動物たちには理解してもらえないのでつらいですね。

飼育員さんの 1日のスケジュール

動物園では安定した管理ができるように、また動物たちが安心できるように、基本的には決まった担当者がお世話をしています。

動物たちのお世話には一年中お休みがないので、メインの担当者とサブの担当者が交代で出勤しています。大型連休やお盆、お正月、休園日も常に誰かが動物たちのお世話をしているんですよ。

主な仕事は「調餌」と「給餌」と「掃除」です。

「調餌」という言葉は聞きなれないかと思いますが、私たちの食事をつくることを「調理」と言いますよね。同じように動物たちの餌を用意することを「調餌」と言います。野生下で食べているものに質や栄養価を近づけて健康を維持しつつ、美味しいと満足してもらえるよう努力しています。

調餌が済んだら「給餌」、各動物たちに餌を与えます。餌の食べ方にも健康状態が表れます。普段より食べるスピードは遅くないか、噛み方に違和感はないか、群れで飼育している動物の場合は餌を食べられていない子はいないか……など限られた時間の中で観察するべき事は多いです。

掃除は地味できついですが、実は調餌や給餌と同じくらい大切なお仕事なんですよ。

掃除の時にフンの状態なども観察します。フンから得られる情報は多く、色やにおいや量を毎日チェックし記録することが体の状態を把握しておくために重要な資料となります。

こういった基本的なお仕事の合間に、イベントやガイドをしたり、展示物の作成、動物のトレーニングなども行っているので、一日中せわしなく動いています。

一日のお仕事が終わったら、最後に日報を書きます。日報には動物ごとに観察した内容や治療した内容などを記録します。後日、誰が読み返してもその日に何があったのかわかるようにしておくことが大切です。

ここまでの仕事が終わったら帰宅となりますが、体調不良や出産が近い動物がいると夜遅くまで残ったり、時には泊まることも。

飼育員のお仕事はすごく体力が必要ですし、来園者の方々の前に立つ機会も多いので、実は動物と同じくらい人間が好きじゃないと務まらないお仕事だったりします。

みんなの質問？

動物は環境にあわせ進化しているが、動物園に行てだいじょうぶなんですか？

（動物は環境にあわせ進化しているが、動物園にいてだいじょうぶなんですか？）

その

飼育員さんの回答

近年、動物園では
動物たちが幸せに生活できるよう、
また本来持っている能力や
行動を引き出せるような環境に
整える努力を行っています。

動物園では、
生息地以外での動物たちの保存を
目的のひとつとしているため、
そういった意味でも
できるだけ野生でのくらしに
近づけたいものです。

動物園って、いつか

なくなってしまいますか？

（動物園って、いつかなくなってしまいますか？）

飼育員さんの回答

動物園や水族館には4つの役割があるんですが、みなさんにとって馴染みがあるのは「レクリエーションの場」としての動物園ではないでしょうか。休日に家族、友人、恋人と動物たちを見ながら楽しい時間を過ごすのにうってつけな場所ですよね。

動物園は動物たちの生態を五感で感じることができる貴重な場所でありながら、本来の生態に関する情報や野生下での現状を知ることで私たちにできることを考えるきっかけをつくる「教育の場」にもなっています。

動物園の動物たちの中には絶滅危惧種や野生下で数を減らしているものも少なくありません。そういった動物たちの繁殖を積極的に行うことで「種の保存の場」としても貢献しています。

また、動物園は生息地に行くことなく野生動物の「調査・研究」を行うことができる貴重な場でもあります。その成果は野生下での動物たちの保護にも役立てられています。

このような役割が必要とされている間は動物園はなくなることはないと思いますよ。

淡路ファームパーク
イングランドの丘のご案内

☻ 営業時間

平日　　9:30～17:00

土日祝　4～9月　9:30～17:30

　　　　10～3月　9:30～17:00

※最終入場は閉園30分前となります。

※GW・夏休みなどは時間変動もございます。

※休園日は月により異なります。ホームページの営業日カレンダーをご参照ください。

※ご来園日にお休みの店舗がある場合がございます。予めご確認ください。

※都合により営業時間が異なる場合がありますので、詳しくはお問い合わせください。

☻ 入園料

大人（高校生以上）	1200円
小人（4歳～中学生）	400円
3歳以下	無料

☻ アクセス

車　　洲本インターより福良方面へ約7㎞・13分

＜徳島方面よりお越しの場合＞

西淡三原インターより洲本方面へ約7㎞・13分

公共交通機関

「洲本バスセンター」から

福良行き路線バス30分「イングランドの丘」下車すぐ

☻ 所在地

〒656-0443 兵庫県南あわじ市八木養宜上1401番地

TEL0799-43-2626　FAX0799-43-2622

こんな動物たちがいるよ！

ひつじのくに

広大な放牧場でひつじがかけまわっているよ。

バードケージ（とんでとんでの森）

リスザルに、カンムリヅル、ギンがオサイチョウなどたくさんの仲間たちが暮らしているよ。

いろトリドリ舎

オウムやインコなど、めずらしい鳥たちに会える！

ワラビー広場

小柄でかわいいワラビーやペリカン、エミューとも会えるよ！

カピバラハウス

カピバラたちが陸上や水中でのんびりすごしている姿が観察できます。

ラビットワーレン（屋内）

国内ではめずらしい品種のうさぎと出会えるきちょうな場所！

コアラ館

人気のコアラたちが住むコアラ館。国内ではめずらしい大型の南方系コアラを観察することができるよ。

そのほか、手作り体験、収穫体験、遊びの広場、淡路島グルメを堪能できるレストランなど楽しいところがいっぱい！　みんな、遊びにきてね！

さくいん

ア

カ

サ

タ

ブックデザイン　辻中浩一＋村松亨修（ウフ）
イラスト　後藤 敦
校正　東京出版サービスセンター
編集　中野賢也（ワニブックス）

本書の質問は淡路ファームパーク イングランドの丘の園内の質問箱に寄せられたものを一部編集して掲載しております。

もっとしりたい 飼育員さんのすごいこたえ

著者　淡路ファームパーク イングランドの丘

2023年9月29日　初版発行

発行者　横内正昭
編集人　岩尾雅彦
発行所　株式会社ワニブックス
〒150-8482
東京都渋谷区恵比寿4-4-9　えびす大黒ビル
ワニブックスHP　http://www.wani.co.jp/
（お問い合わせはメールで受け付けております。
HP より「お問い合わせ」へお進みください）
※内容によりましてはお答えできない場合がございます。

印刷所　凸版印刷株式会社
DTP　アクアスピリット
製本所　ナショナル製本

定価はカバーに表示してあります。

落丁本・乱丁本は小社管理部宛にお送りください。送料は小社負担にてお取替えいたします。ただし、古書店等で購入したものに関してはお取替えできません。
本書の一部、または全部を無断で複写・複製・転載・公衆送信することは法律で認められた範囲を除いて禁じられています。

©淡路ファームパーク イングランドの丘 2023
ISBN978-4-8470-7335-9